高等职业教育机电类专业新形态教材

生产线
控制技术基础

主　编　王　京　李　显
副主编　张　红　李　欣　王学雷
参　编　夏广辉　吴　彬　高　鹏　王战东

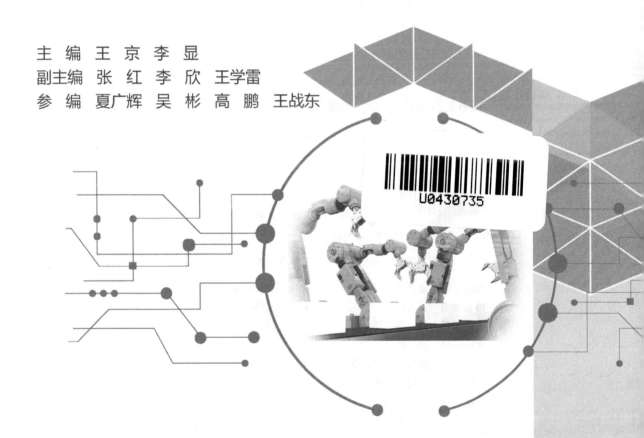

本书是为了适应高职高专机电类专业教学需要而编写的。

本书包括四个项目：项目一以动力滑台液压系统为载体，讲述了液压控制技术的原理、组成、基本回路和应用等内容；项目二以气动钻床系统为载体，讲述了气压控制技术的原理、组成、基本回路和应用等内容；项目三以地铁屏蔽门门机系统为载体，讲述了传感器、电动机的原理和应用等内容；项目四以分拣机构为载体，讲述了PLC控制技术软件操作、硬件设置、编程调试方法以及应用技巧等内容。项目全部来自企业中的典型设备，项目目标满足企业对机械专业人员的能力要求，项目间知识、能力梯度合理，符合生产线控制技术的发展沿革。

本书在编写过程中，注重职业技能的训练与提高，注重职业素质的培养。本书在教学中便于教师分层次教学。本书设计教学时数为90学时，可作为高职高专院校机电类专业的教学用书，也可供相关工程技术人员参考。

图书在版编目（CIP）数据

生产线控制技术基础/王京，李显主编. —北京：机械工业出版社，2022.11
高等职业教育机电类专业新形态教材
ISBN 978-7-111-71696-9

Ⅰ.①生… Ⅱ.①王… ②李… Ⅲ.①生产线-控制-高等职业教育-教材 Ⅳ.①TB4

中国版本图书馆 CIP 数据核字（2022）第 179823 号

机械工业出版社（北京市百万庄大街22号　邮政编码100037）
策划编辑：王海峰　　　　　责任编辑：王海峰
责任校对：陈　越　李　杉　封面设计：张　静
责任印制：张　博
北京建宏印刷有限公司印刷
2023年1月第1版第1次印刷
184mm×260mm · 12印张 · 296千字
标准书号：ISBN 978-7-111-71696-9
定价：39.00元

电话服务　　　　　　　　　网络服务
客服电话：010-88361066　　机　工　官　网：www.cmpbook.com
　　　　　010-88379833　　机　工　官　博：weibo.com/cmp1952
　　　　　010-68326294　　金　书　网：www.golden-book.com
封底无防伪标均为盗版　　机工教育服务网：www.cmpedu.com

前　言

　　本书是为了适应高职高专机电类专业的教学需要而编写的。

　　目前，随着职业学校教学的变革、教育部对职业教育的重视与投入、社会对高职学生的急需、企业对高职学生能力的重新定位、学校对高职学生能力培养模式与教育重点的调整，急需开发出以培养学生能力为主、理论够用为度、"工学结合"为开发思路、多媒体融入的新形态教材。

　　本书将基于工作过程进行课程开发，以机电类专业必须掌握的液压控制技术、气压控制技术、传感器技术、电动机控制技术和PLC控制技术为知识点，以实际生产线中的设备为载体，以控制设备所需的技能为教学内容，以企业中的典型任务为教学项目，采用适合高职学生特点的"工学结合"作为教材开发思路，以项目（项目描述、控制要求、项目目标）—任务（任务描述、任务目标、任务实施、任务工单）—项目检测的形式为教材的组织形式。

　　本书包括四个项目：项目一动力滑台液压系统、项目二气动钻床系统、项目三地铁屏蔽门门机系统和项目四分拣机构。项目间既有联系，又设置了知识能力梯度。该梯度既符合学生（学员）接受事物的规律，也符合社会技术的实际发展情况（按控制技术的发展沿革设置新项目，并融入新知识），同时便于教师分层次教学。本书注重职业技能的训练与提高，注重职业素质的培养。

　　本书设计教学学时数为90学时，可作为高职高专院校机电类专业的教学用书，也可供相关工程技术人员参考。

　　本书由王京、李显主编，张红、李欣、王学雷为副主编，夏广辉、吴彬、高鹏、王战东参加编写，全书由王京统稿。编写工作为：北京电子科技职业学院王京、李欣编写项目一，王学雷、夏广辉编写项目二、张红编写项目三，李显编写项目四，北京奔驰汽车有限公司吴彬、费斯托（中国）有限公司高鹏、北京中烨科技有限公司王战东提供了技术支持和帮助。

　　由于编者水平有限，书中难免存在不妥之处，恳切希望同仁和广大读者批评指正。

编　者

二维码索引

序号	二维码名称	图形	页码	序号	二维码名称	图形	页码
1	YT4543型动力滑台液压系统原理		1	7	地铁屏蔽门系统门机系统中的锁紧、解锁装置及维护		115
2	气动钻床控制系统		61	8	PLC的编程语言		128
3	气动钻床的气压控制系统		66	9	TIA博途软件的使用		133
4	光电传感器的认知与使用		92	10	S7-1200用户程序结构		139
5	霍尔式传感器的识别与检测		97	11	S7-1200编程方法		141
6	直流无刷电动机		101	12	S7-1200调试方法		157

目 录

前言
二维码索引

项目一　动力滑台液压系统 ……………… 1
 任务1　认识系统 ………………………… 2
  一、工作原理 …………………………… 3
  二、系统组成 …………………………… 3
  三、图形符号 …………………………… 4
  四、液压油 ……………………………… 4
 任务2　左右移动 ………………………… 9
  一、液压辅助元件 ……………………… 9
  二、液压泵 ……………………………… 15
  三、液压缸 ……………………………… 19
  四、液压马达 …………………………… 21
  五、方向控制阀 ………………………… 22
  六、左右移动动作 ……………………… 26
 任务3　快进 ……………………………… 28
  一、电液方向控制阀 …………………… 28
  二、差动连接 …………………………… 30
  三、单向阀 ……………………………… 31
  四、溢流阀 ……………………………… 32
  五、顺序阀 ……………………………… 34
  六、快进动作 …………………………… 35
 任务4　工进 ……………………………… 37
  一、行程阀及换接回路 ………………… 37
  二、调速阀及换接回路 ………………… 39
  三、工进动作 …………………………… 40
  四、节流调速回路 ……………………… 41
  五、容积调速回路 ……………………… 43
  六、容积节流调速回路 ………………… 44
  七、同步回路 …………………………… 45
 任务5　快退 ……………………………… 47
  一、压力继电器及顺序动作回路 ……… 47
  二、快退动作 …………………………… 49
  三、液压锁及锁紧回路 ………………… 49
  四、单向顺序阀及压力回路 …………… 51
  五、减压阀及压力回路 ………………… 52
  六、单作用活塞缸及增压回路 ………… 54
 任务6　认识系统特点 …………………… 56
  一、动力滑台液压系统的特点 ………… 56
  二、液压传动技术的优缺点 …………… 57
  三、液压传动技术的发展 ……………… 57

项目二　气动钻床系统 …………………… 61
 任务1　认识系统 ………………………… 62
  一、工作原理 …………………………… 62
  二、系统组成 …………………………… 63
  三、图形符号 …………………………… 64
  四、空气性质 …………………………… 64
 任务2　送料 ……………………………… 66
  一、气源装置及附件 …………………… 67
  二、气动执行元件 ……………………… 72
  三、气动控制元件 ……………………… 75
  四、送料动作 …………………………… 79
 任务3　送料—夹紧—钻孔 ……………… 81
  一、方向控制回路 ……………………… 81
  二、压力控制回路 ……………………… 81
  三、速度控制回路 ……………………… 82
  四、其他常用回路 ……………………… 83
  五、送料—夹紧—钻孔动作 …………… 84
  六、气压传动的特点 …………………… 85
  七、气压传动技术的应用及发展 ……… 86

项目三　地铁屏蔽门门机系统 ………… 90
任务1　认识传感器 ………… 91
一、光电传感器 ………… 92
二、霍尔式传感器 ………… 97
任务2　认识电动机 ………… 101
一、直流无刷电动机 ………… 101
二、系统控制原理与维护 ………… 104
任务3　锁紧与解锁装置 ………… 112
一、行程开关 ………… 112
二、认知与维护 ………… 115

项目四　分拣机构 ………… 121
任务1　认识可编程序控制器（PLC） ………… 123
一、概念及分类 ………… 123
二、功能及应用 ………… 124
三、硬件结构 ………… 125
四、工作原理 ………… 126
五、编程语言 ………… 128
任务2　物料识别 ………… 131
一、西门子S7-1200 PLC概述 ………… 131
二、硬件模块 ………… 132
三、TIA博途软件 ………… 133
四、位逻辑指令 ………… 136
五、用户程序结构 ………… 139
六、编程方法 ………… 141
七、物料识别动作 ………… 141
任务3　取料 ………… 148
一、定时器指令 ………… 149
二、计数器指令 ………… 154
三、调试方法 ………… 157
四、取料动作 ………… 165
任务4　分拣 ………… 168
一、数据处理指令 ………… 168
二、数学运算指令 ………… 172
三、顺序控制设计 ………… 173
四、分拣动作 ………… 178
任务5　联调 ………… 182
一、系统特点 ………… 182
二、调试程序 ………… 182

参考文献 ………… 186

项目一

动力滑台液压系统

项目描述

组合机床是制造业在大批量生产中广泛使用的一种高效自动化机床。机床具有多轴、多刀、多面、多序、多工位同时加工的特点，生产率高；机、电、液压联合控制，自动化程度高。主要应用在钻孔、扩孔、铰孔、镗孔、攻螺纹、车削、铣削、磨削等方面。图1-1所示为组合机床的结构示意图。机床的动力部件包括动力头和动力滑台，动力头实现机床的主运动，动力滑台实现机床的进给运动。

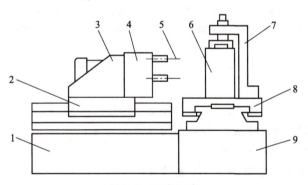

图 1-1 组合机床

1—床身 2—动力滑台 3—动力头 4—主轴箱 5—刀具
6—工件 7—夹具 8—工作台 9—底座

控制要求

图1-2所示为动力滑台液压系统原理图。该系统能实现快进→第一次工进→第二次工进→死挡铁停留→快退→原位停止工作循环；滑台的进给速度范围为6.6~600mm/min；最大进给推力为$4.5×10^4$N（需承受的最大负载）；速度换接平稳、系统效率较高。

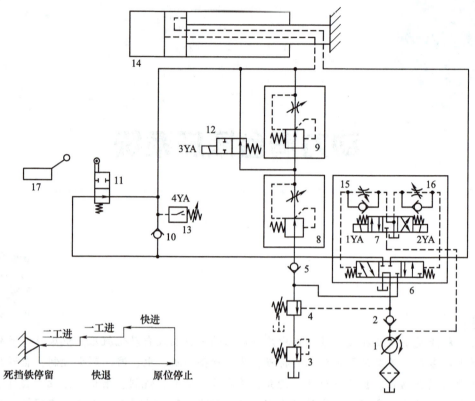

图 1-2 YT4543 型动力滑台液压系统原理图

1—液压泵 2、5、10—单向阀 3—背压阀 4—外控顺序阀 6—主液压方向控制阀
7—先导电磁方向控制阀 8——工进调速阀 9—二工进调速阀 11—行程阀 12—电磁方向控制阀
13—压力继电器 14—液压缸 15、16—单向节流阀 17—行程开关

项目目标

1) 能实现滑台的快进、工进、快退、停留等动作。
2) 掌握液压传动系统的组成及各部分的作用。
3) 能正确使用常见的液压元件。
4) 能正确搭建液压回路解决实际控制需求。
5) 能进行常见液压传动系统故障的诊断与维修。
6) 熟知液压传动技术的特点及应用。

任务1 认识系统

任务描述

本任务主要学习液压传动的工作原理、系统组成、图形符号及液压油的性质，目的是使学生对液压传动系统有个基本认知。培养学生提取查阅信息、深入思考、总结归纳的能力。

任务目标

1) 了解液压传动系统的工作原理。
2) 了解液压传动系统的组成。
3) 认识液压元件的图形符号。
4) 了解液压油的性质。

任务实施

以液压千斤顶为例讲解液压系统的工作原理、系统组成和图形符号,通过 YT4543 型动力滑台液压系统,辨识系统的组成,记住常用的液压元件图形符号,了解液压传动的性质。

一、工作原理

图 1-3 所示为液压千斤顶工作原理。抬起杠杆 1,活塞 3 上移,泵体 2 下腔的工作容积增大,形成局部真空,在大气压力的作用下,油箱 12 中的油液,推开单向阀 4 进入泵体 2 的下腔(此时单向阀 7 关闭),完成吸油;压下杠杆 1,活塞 3 下移,泵体 2 下腔的容积缩小,油液的压力升高,打开单向阀 7(单向阀 4 关闭),泵体 2 下腔的油液进入缸体 9 的下腔(此时截止阀 11 关闭),使活塞 8 向上运动,顶起重物,完成排油。反复抬压杠杆 1,可以使重物不断上升,达到起重的目的。当工作完毕,打开截止阀 11,缸体 9 下腔的油液通过管路 10 直接流回油箱,活塞 8 在外力和自重的作用下实现回程。

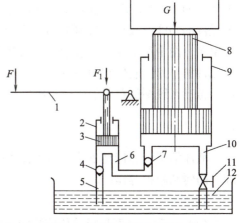

图 1-3 液压千斤顶工作原理
1—杠杆 2—泵体 3、8—活塞 4、7—单向阀
5—吸油管 6、10—管路 9—缸体 11—截止阀
12—油箱

液压千斤顶是典型的利用液压传动进行工作的装置。分析其工作情况可知,液压传动是一种以液体为工作介质进行能量传递和控制的传动形式。该传动先将机械能转换为便于输送的液压能,随后将液压能转换为机械能而做功。液压传动具有以下特点:

1) 液压传动必须在密闭的容器内进行。
2) 依靠密封容积的变化传递运动。
3) 依靠液体的静压力传递动力。

二、系统组成

液压元件组成不同功能的基本回路,若干基本回路有机地组合成具有一定控制功能的传动系统。以液压千斤顶为例,液压传动系统由以下几个部分组成。

(1) 动力元件 将机械能转换成液体的压力能,为系统提供动力的装置。图 1-3 中杠杆 1、泵体 2、活塞 3、单向阀 4 和 7 组成(手动)液压泵。

(2) 执行元件 将液体的压力能转换为机械能,克服负载阻力,驱动工作部件做功的

装置。执行元件包括实现直线运动的液压缸和实现旋转运动的液压马达。图1-3中活塞8、缸体9组成的（举升）液压缸，输出力和速度；液压马达则输出转矩和转速。

（3）控制元件　控制和调节系统中液体的压力、流量、方向以及进行信号转换的装置。根据元件功能的不同，分为方向控制元件（方向控制阀和单向阀）、压力控制元件（溢流阀、减压阀、顺序阀和压力继电器）、流量控制元件（节流阀和调速阀）和复合阀（单向顺序阀、单向节流阀等）。

（4）辅助元件　起连接、输油、储油、过滤和测量等作用的装置。如各种管接头、油管、油箱、过滤器、蓄能器、压力表等，它们对保证液压系统可靠而稳定地工作，具有非常重要的作用。

（5）工作介质　传递能量和信号的液体——液压油。

三、图形符号

在工程实际中，除某些特殊情况外，一般都是用简单的图形符号来绘制液压传动系统原理图。图1-2就是用图形符号绘制的动力滑台液压系统图。图形符号脱离了具体结构，只表示元件的功能、操作（控制）方法及外部连接口。在绘制液压元件的图形符号时，除非特别说明，图中所示状态均表示元件的静止位置或零位置，并且除特别注明的符号或有方向性的元件符号外，它们在图中可根据具体情况做水平或垂直绘制。使用这些图形符号后，可使液压传动系统图简单明了，便于绘制。

四、液压油

液压油是液压传动系统中用来传递能量的工作介质，同时它还起着传递信号、润滑、冷却、防锈和减振等作用。

1. 性质

（1）密度　密度是指单位体积液压油所具有的质量，用符号 ρ 表示，单位为 kg/m^3，计算式为

$$\rho = \frac{m}{V} \tag{1-1}$$

式中　V——液压油的体积；

　　　m——液压油的质量。

液压油的密度随压力的升高而增大，随着温度的升高而减小。但平常工作环境中的压力和温度对液压油的密度影响都极小，可视液压油的密度为常数，其密度值为 $900kg/m^3$。

（2）可压缩性　可压缩性是指液压油受压力作用而体积缩小的性质，是单位压力变化下体积的相对变化量，用体积压缩系数 κ 表示，计算式为

$$\kappa = -\frac{1}{\Delta p} \times \frac{\Delta V}{V_0} \tag{1-2}$$

式中　Δp——压力增大量；

　　　ΔV——体积减小量；

V_0——液压油初态的体积。

体积压缩系数 κ 的单位为 m^2/N。常用液压油的压缩系数 $\kappa=(5\sim7)\times10^{-10}m^2/N$。

（3）液压油的黏性　液压油受外力作用在管道内流动时，由于存在液压油与固体壁面之间的附着力和液压油本身分子间的内聚力，所以截面上各点液压油分子的流速不相同，中心处的速度最大，越靠近管壁的速度越小，管壁处液压油质点的速度为零。运动快的分子带动运动慢的，运动慢的对运动快的起阻滞作用，这种液压油流动时分子间相互牵制的力称为内摩擦力或黏滞力，分子之间呈现出相互阻碍运动的性质称为液压油的黏性。

2. 黏度

黏度是衡量黏性大小的指标，是液压油最重要的性质。液压油的黏度大，流动阻力大，压力损失也大，动作反应变慢，机械效率降低；液压油黏度小，机械效率高，但容易泄漏，造成容积效率降低。因此黏度是选择液压油的重要依据，它的大小关系到液压系统的效率和动作灵敏度等性能。

液压油的黏压特性是指液压油的黏度随压力变化的性质。压力增大时，液压油分子间的距离变小，内摩擦力增大，黏度增大。在实际应用中由于变化量较小，常常忽略不计。

液压油的黏温特性是指液压油的黏度随温度变化的性质。液压油对温度变化十分敏感，温度上升，黏度变小；温度下降，黏度变大。这是因为温度升高使油液中分子间的内聚力减小，减少了内摩擦力，黏度随温度变化越小，其黏温特性越好，该油液的适宜温度范围就越广。

液压油的黏度主要用动力黏度、运动黏度和相对黏度来表示。

（1）动力黏度　动力黏度又称为绝对黏度，是指液压油在单位速度梯度流动时的表面切应力。其计算式为

$$\mu=\frac{\tau}{du/dy} \tag{1-3}$$

式中　τ——内摩擦切应力，液层间在单位面积上的内摩擦力；
　　　du/dy——液层单位距离上的速度差。

动力黏度的单位为帕·秒（Pa·s）。$1Pa\cdot s=10P$（泊）$=10^3 cP$（厘泊）。

（2）运动黏度　液压油的动力黏度 μ 与密度 ρ 之比，用符号 ν 表示，即

$$\nu=\frac{\mu}{\rho} \tag{1-4}$$

运动黏度的单位为 m^2/s，或斯（St）和厘斯（cSt）（非法定计量单位）。$1m^2/s=10^4 St$（cm^2/s）$=10^6 cSt$（mm^2/s）。

（3）相对黏度　相对黏度的表示方法较多，有恩氏黏度、赛氏黏度和雷氏黏度等，是在一定的测量条件下测定出的。我国采用的是恩氏黏度 $°E_t$，用恩氏黏度计测量，具体方法是：将 200mL 的被测液压油放入黏度计容器内，加热到温度 t 后，让它从容器底部一个直径为 2.8mm 的小孔流出，测出液压油全部流出所用的时间 t_1；然后与流出同样体积的 20℃ 的蒸馏水所需时间 t_{20} 之比，比值即为该液压油在温度 t 时的恩氏黏度，即

$$°E_t=\frac{t_1}{t_{20}} \tag{1-5}$$

工业上常以20℃、50℃、100℃作为测定液压油黏度的标准温度,由此得到的恩氏黏度可用°E_{20}、°E_{50}、°E_{100}标记。

恩氏黏度和运动黏度可通过下列经验式进行换算:

$$\nu = \left(7.31°E_t - \frac{6.31}{°E_t}\right) \times 10^{-6} \tag{1-6}$$

3. 类型

液压油的品种很多,主要分为矿油型、乳化型和合成型三大类,其主要特性和用途见表1-1。

表1-1 液压油的主要品种及其特性

类型	名称	ISO 代号	特性和用途
矿油型	全损耗系统用油	L-HH	无添加剂的石油基液压油,稳定性差,易起泡,主要用于要求不高的低压系统,如机械润滑
	普通液压油	L-HL	L-HH 加抗氧化剂、防锈剂,具有抗氧化和防锈能力,常用于中低压系统
	抗磨液压油	L-HM	L-HL 加抗磨剂,抗磨性能好,适用于工程机械、车辆液压系统
	低温液压油	L-HV	L-HM 加增黏剂,改善黏温特性,适用于高压系统
	高黏度指数液压油	L-HR	L-HL 加增黏剂,改善黏温特性,适用于环境温度变化较大的低压系统和轻负载的机械润滑
	液压导轨油	L-HG	L-HM 加防爬剂,适用于液压和导轨润滑为同一油路系统的精密机床
	汽轮机油	L-TSA	深度精制矿油加添加剂,改善抗氧化、抗泡沫等性能,为汽轮机专用油
乳化型	水包油乳化液	L-HFA	难燃、黏温特性好,有一定的防锈能力,润滑性差,易泄漏,用于有抗燃要求,油液用量大且泄漏严重的系统
	油包水乳化液	L-HFB	既具有矿油型液压油的抗磨、防锈性能,又具有抗燃性,用于有抗燃要求的中压系统
合成型	水-乙二醇液	L-HFC	难燃、黏温特性和耐蚀性好,用于有抗燃要求的中低压系统
	磷酸酯液	L-HFDR	难燃、润滑抗磨性能好、抗氧化好、有毒,适用于有抗燃要求的高压精密液压系统

4. 基本要求

液压油直接影响液压系统的工作性能,因此合理地选择和使用液压油很重要。液压油一般应满足的要求有:对人体无害,成本低;防锈能力强,润滑性能好;黏度适当,黏温特性好;质地纯净,杂质少;氧化稳定性好,不变质;对金属和密封件的相容性好;抗泡沫性和抗乳化性好;体积膨胀系数小;燃点高,凝点低等。对于不同的液压系统,则需根据具体情况突出某些方面的使用性能要求。

5. 选用

液压油的选用主要是品种和黏度的选择。黏度合适的液压油,能提高液压系统的运动平稳性、工作可靠性、灵敏性和系统效率,降低功率损耗和元件磨损。通常按以下几方面进行选用。

（1）选用合适的品种　参照表1-1，并根据是否专用、有无具体工作压力、工作温度及工作环境等条件综合考虑。

（2）考虑液压泵的类型　液压油选用时要考虑液压泵的类型。液压泵是液压系统中运动速度、压力和温升高、工作时间长的元件，因此在选择黏度时应先考虑液压泵，否则泵磨损过快，就会降低容积效率，甚至破坏泵的吸油条件。各类液压泵适用的黏度范围见表1-2。

表1-2　各类液压泵适用的黏度范围　（单位：$10^{-6} m^2 \cdot s^{-1}$，40℃）

液压泵类型		环境温度 5~40℃	环境温度 40~80℃
叶片泵	$p<7\times10^6 Pa$	30~50	40~75
	$P\geqslant7\times10^6 Pa$	50~70	55~90
齿轮泵		30~70	95~165
轴向柱塞泵		40~75	70~150
径向柱塞泵		30~80	65~240

（3）考虑工作压力　工作压力较高时，为了避免系统泄漏过多和效率过低，宜选用黏度较高的油；工作压力较低时，为了减少压力损失，宜用黏度较低的油。例如，工程机械中采用较高黏度的油液，机床系统一般采用黏度为 $(20\sim60)\times10^{-6} m^2/s$ 的油液。

（4）考虑环境温度　当温度高时，宜采用黏度较高的油液；环境温度低时，宜采用黏度较低的油液。

（5）考虑运动速度　当液压系统中工作部件的运动速度很快时，油液的流速也高，液压损失随着增大，而泄漏相对减少，因此宜用黏度较低的油液；反之，当工作部件运动速度较慢时，单位时间所需的油量很小，这时泄漏相对较大，对系统的运动速度影响也较大，所以宜选用黏度较高的油液。

任务工单

任务工单1-1　认识液压系统

姓　名		学　院		专　业	
小组成员				组　长	
指导教师		日　期		成　绩	

任务目标

完成对液压传动系统工作原理、组成、图形符号及液压油性质的认知。

信息收集	成绩：

1) 了解液压千斤顶的工作原理。

2) 了解液压千斤顶的操作。

3) 了解动力滑台系统的应用。

4) 了解液压油的作用。

(续)

任务实施	成绩：

1）液压传动系统的工作原理是什么？

2）液压传动系统分为哪几部分？各部分的作用是什么？

3）绘制液压泵、液压缸、方向控制阀的图形符号。

4）什么是液压油的黏性？

5）动力黏度、运动黏度、相对黏度的区别和应用是什么？

成果展示及评价				成绩：	
自　评		互　评		师　评	
教师建议及改进措施					

评价反馈	成绩：

根据自己在课堂中的实际表现进行自我反思和自我评价。
自我反思：

自我评价：

任务评价表

评价项目	评价标准	配分	得分
信息收集	完成信息收集	15	
任务实施	任务实施过程评价	40	
成果展示及评价	任务实施成果评价	40	
评价反馈	能对自身客观评价和发现问题	5	
总分		100	
教师评语			

任务 2　左右移动

任务描述

本任务以实现动力滑台左右移动为目标，主要了解液压辅助元件的应用、液压泵的工作特点、液压缸的输出控制、方向控制阀的原理。培养学生提取查阅信息、分析对比思考、总结归纳、实操应用的能力。

任务目标

1) 了解油箱、过滤器等液压辅助元件的功用及特点。
2) 了解液压泵的分类，掌握各类泵的工作特点。
3) 会计算液压缸输出的力和速度。
4) 了解液压马达的工作原理。
5) 能搭建和调试出滑台左右移动的液压系统。

任务实施

以搭建和调试动力滑台左右移动液压系统为载体，学习液压辅助元件、液压泵、液压缸、液压马达和方向控制阀等元件的原理和工作特点。

从图1-2中拆分出滑台左右移动的控制回路，如图1-4所示。

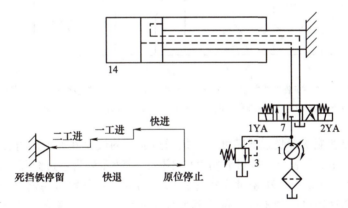

图1-4　滑台左右移动
1—液压泵　3—背压阀　7—先导电磁方向控制阀　14—液压缸

一、液压辅助元件

液压传动系统中的辅助元件包括油箱、过滤器、油管与管接头、蓄能器、热交换器、密封装置、压力表及压力表开关等，是液压系统不可缺少的组成部分，它们数量大，分布广，对整个系统的性能、效率、温升、噪声和寿命有着重要的影响。

1. 油箱

油箱的作用是储存油液、散发热量、分离油液中混入的空气和水分、沉淀污物。

油箱按其液面是否与大气相通分为开式和闭式两种。开式油箱应用普遍，油箱内液面直接与大气相通，油箱液面压力为大气压力。闭式油箱完全封闭，箱内必须通压缩空气，以改善液压泵的吸油条件。

2. 过滤器

过滤器的作用是滤除油液中的杂质，降低液压系统中油液的污染度，减少相对运动件的磨损和卡死，防止节流阀、油道和小孔堵塞，保证系统正常工作。

常见的过滤器安装位置如图 1-5 所示。过滤器安装在旁路上，保护分支油路中的元件；安装在吸油管路上，滤除较大的污染物保护液压泵；安装在回油路上，起间接过滤作用；单独过滤系统，适用于大型液压系统；安装在压油管路上，用来滤除可能侵入阀类等元件的杂质。

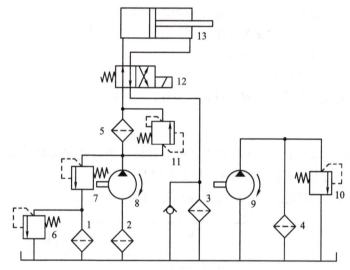

图 1-5 过滤器的安装位置

1—安装在旁路上 2—安装在吸油管路 3—安装在回油路上 4—单独过滤系统 5—安装在压油管路
6、7、10、11—溢流阀 8、9—液压泵 12—方向控制阀 13—液压缸

过滤器的主要性能指标是过滤精度，是指通过滤芯的最大硬颗粒的直径大小，用直径 d 的公称尺寸（单位 μm）表示。按过滤精度的不同，过滤器分为粗过滤器（$d \geqslant 100 \mu m$）、普通过滤器（$d \geqslant 10 \sim 100 \mu m$）、精密过滤器（$d \geqslant 5 \sim 10 \mu m$）和特精过滤器（$d \geqslant 1 \sim 5 \mu m$）。

按滤芯材料和结构形式的不同，过滤器可分为网式过滤器、线隙式过滤器、纸芯式过滤器、烧结式过滤器及磁性过滤器等。网式过滤器结构简单、通油能力大、清洗方便，但过滤精度低，常用于吸油管路，对油液进行粗滤。线隙式过滤器结构简单，通油能力大，过滤效果好，可用做吸滤器或回流过滤器，但不易清洗。纸芯式过滤器的过滤精度高，可在高压下工作，结构紧凑、通油能力大。缺点是无法清洗，需经常更换滤芯。烧结式过滤器制造简单、滤芯的强度高、抗冲击性能好、过滤精度较高，能在较高的温度下工作，有良好的耐蚀性，可用在不同的位置，但易堵塞，难清洗，烧结颗粒在使用中可能会脱落，再次造成油液的污染。

3. 油管与管接头

油管用于液压系统中传送工作介质，因材质不同分为钢管、纯铜管、尼龙管、塑料管、橡胶管等，各种油管的种类、特点及应用场合见表1-3。

表1-3 油管的主要种类、特点及应用场合

种类		特点及应用场合
硬管	钢管	价格便宜、耐蚀性好、耐油、刚性好、能承受高压，但装配时不能任意弯曲；常在装拆方便处用作压力管道。无缝管适用于中、高压系统，焊接管常用于低压系统
	纯铜管	价格贵、抗振能力差，易使油液氧化，但能弯曲成各种形状，只用于仪表装配不便之处
软管	尼龙管	加热后可以随意弯曲成形或扩口，冷却后又能定形不变，承压能力因材质而异
	塑料管	价格便宜、质量小、耐油、装配方便，但承压能力低，长期使用会变质老化，只宜用于压力较低的回油管、泄油管等
	橡胶管	由耐油橡胶夹几层钢丝编织网制成的高压管，耐压能力随钢丝网层数的增多而增大，用作中、高压系统中两个相对运动件之间的压力管道；耐油橡胶夹帆布制成的低压管，用作回油管道

管接头用于油管间或油管与其他元件间的连接，性能的好坏将直接影响系统的密封性。常用的管接头有扩口管接头、焊接管接头、卡套管接头、扣压式管接头和快速接头。

（1）扩口管接头　如图1-6所示，扩口管接头由接管1、导管2、螺母3和接头体4组成。安装时先把导管2扩成喇叭口（74°~90°），再用螺母3把导管2连同接管1一起压紧在接头体4上，靠扩口部分的锥面实现连接和密封。扩口管接头结构较简单，造价低，适用于中低压系统的铜管和薄壁钢管，也可用来连接尼龙管和塑料管。

（2）焊接管接头　如图1-7所示，焊接管接头由接管1、螺母2和接头体3组成。使用时将管接头上的接管1与被连接的管子焊接起来，再用管接头上的螺母2、接头体3等与其他被连接管连接起来。这种管接头结构简单，制造方便，耐高压和强烈振动，密封性能好，广泛应用于高压系统。

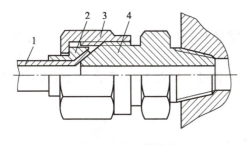

图1-6　扩口管接头
1—接管　2—导管　3—螺母　4—接头体

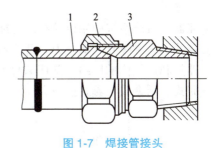

图1-7　焊接管接头
1—接管　2—螺母　3—接头体

（3）卡套管接头　如图1-8所示，卡套管接头是由卡套2、螺母3和接头体4组成的。卡套是一个在内圆端部带有锋利刃口的金属环，装配时因刃口切入，对被连接油管起到连接和密封的作用。卡套管接头利用卡套的变形卡住管子并进行密封，不用密封件，工作可靠，装拆方便，抗振性好，使用压力可达32MPa，但工艺比较复杂。

（4）扣压式管接头　如图1-9所示，扣压式管接头由接头体1、接头螺母2和胶管3组成，安装时胶管被挤在接头体和接头螺母之间，被牢固地连接在一起，工作压力在10MPa以下，需专用扣压设备，常用来连接高压软管。

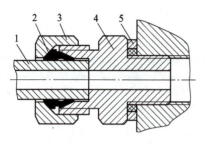 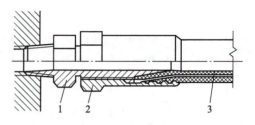

图 1-8　卡套管接头　　　　　　　　图 1-9　扣压式管接头

1—接管　2—卡套　3—螺母　　　　1—接头体　2—接头螺母　3—胶管

4—接头体　5—组合密封垫圈

（5）快速接头　如图 1-10 所示，快速接头由插座 1、单向阀阀芯 2 和 6、外套 3、钢球 4、接头体 5 组成。图中各零件的位置为油路接通时的位置，外套 3 把钢球 4 压入槽底，使接头体 5 和插座 1 连接起来，单向阀阀芯 2 和 6 互相挤紧顶开使油路接通。当液压系统中某一局部不经常需要液压油源，或一个液压油源要间断地分别供给几个局部时，为了减少控制阀和复杂的管路安装，有时采用快速接头与胶管配合使用。

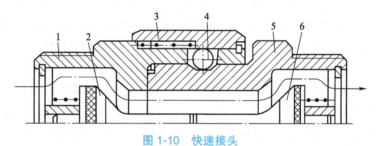

图 1-10　快速接头

1—插座　2、6—单向阀阀芯　3—外套　4—钢球　5—接头体

4. 蓄能器

蓄能器是液压系统中用以储存压力能的装置，常用于短期大量供油、系统保压、应急能源、缓和冲击力和吸收脉动压力。蓄能器按原理的不同分为重锤式、弹簧式和充气式。充气式蓄能器是利用气体的压缩和膨胀来储存、释放压力能的，如图 1-11 所示，充气式蓄能器分为气瓶式、活塞式和囊式三种。

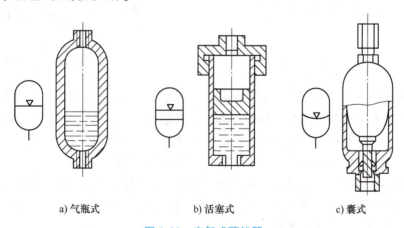

a) 气瓶式　　　　b) 活塞式　　　　c) 囊式

图 1-11　充气式蓄能器

气瓶式蓄能器中的气体和油液直接接触,蓄能器容量大,惯性小,反应灵敏,轮廓尺寸小,但气体容易混入油内,影响系统工作平稳性,只适用于大流量的中、低压回路。

活塞式蓄能器中的气体和油液由活塞隔开,这种蓄能器结构简单,工作可靠,安装容易,维护方便,但活塞惯性大,活塞和缸壁之间有摩擦,反应不够灵敏,密封要求较高,用来储存能量,或供中、高压系统吸收压力脉动之用。

囊式蓄能器中的气体和油液由气囊隔开,带弹簧的菌状进油阀使油液进入蓄能器但防止气囊自油口被挤出,充气阀只在蓄能器工作前气囊充气时打开,蓄能器工作时则关闭。该蓄能器结构尺寸小,自重轻,安装方便,维护容易,气囊惯性小,反应灵敏,但气囊和壳体制造都较难,折合型气囊容量较大,可用来储存能量;波纹型气囊适用于吸收冲击。

5. 热交换器

在液压系统中,若油温长时间过高,则油液黏度下降、泄漏增加、密封材料老化、油液氧化;温度过低,则黏度过大、压力损失加大并引起过大的振动,甚至无法使液压泵起动或正常运转。液压系统正常运行的油液温度一般在 30~50℃,最高不超过 65℃,最低不低于 15℃。因此,当油温超出正常范围时,要用热交换器中的冷却器来降温,用加热器来升温。

如图 1-12 所示的蛇形管冷却器,它直接装在油箱内,冷却水从蛇形管内部通过,带走油液中热量。这种冷却器结构简单,但冷却效率低,耗水量大。

如图 1-13 所示的加热器,用法兰盘横装在箱壁上,发热部分全部浸在油液内,结构简单、能按需要自动调节最高和最低温度,但因为油液是热的不良导体,所以单个加热器的功率容量不能太大,以免其周围油液过度受热后发生变质。

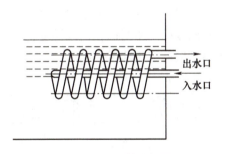

图 1-12 蛇形管冷却器

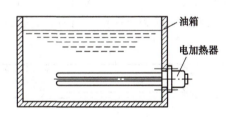

图 1-13 加热器

6. 密封装置

液压系统的泄漏会污染环境,使空气进入吸油腔,影响液压泵的工作性能和液压执行元件运动的平稳性(产生爬行);严重时会降低系统容积效率,甚至使工作压力达不到要求值。密封是解决液压系统泄漏问题最根本的手段。但密封过度,虽可阻止泄漏,但会造成密封部分的剧烈磨损,缩短密封件的使用寿命,增大液压元件内的运动摩擦阻力,降低系统的机械效率。因此,合理地选用密封装置十分重要。常见的密封方式有间隙密封、O 形密封、唇形密封和组合式密封。

(1)间隙密封 如图 1-14 所示的间隙密封,是靠相对运动件配合面之间的微小间隙来进行密封的,一般在阀芯的外表面开有几条等距离的均压槽,它的主要作用是使径向压力分布均匀,减少液压卡紧力,同时使阀芯在孔中的对中性好,以减小间隙的方法来减少泄漏。这种密封的摩擦力小,但磨损后不能自动补偿,主要用于直径较小的圆柱面之间,如液压泵内的杜塞与缸体之间、滑阀的阀芯与阀孔之间的配合。

（2）O形密封　O形密封圈一般用耐油橡胶制成，如图1-15所示，其横截面呈圆形。这种密封具有良好的密封性能，内外侧和端面都能起密封作用，结构紧凑，运动件的摩擦阻力小，制造容易，装拆方便，成本低，且高低压均可以用，所以在液压系统中得到广泛的应用。

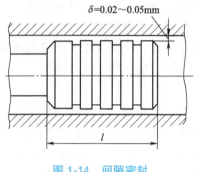

图1-14　间隙密封

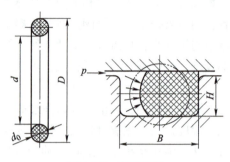

图1-15　O形密封

（3）唇形密封　唇形密封圈根据截面的形状可分为Y形、V形、U形、L形等，图1-16所示为Y形密封圈。这种密封作用的特点是能随着工作压力的变化自动调整密封性能，压力越高则唇边被压得越紧，密封性越好；当压力降低时唇边压紧度也随之降低，从而减少了摩擦阻力和功率消耗。除此之外，还能自动补偿唇边的磨损，保持密封性能不降低。

（4）组合式密封　组合式密封装置是由二个以上密封件组成。最简单、最常见的是如图1-17所示的由钢和耐油橡胶压制成的组合密封垫圈。外圈2由Q235钢制成，内圈1为耐油橡胶，主要用于管接头或油塞的端面密封，安装时外圈紧贴两密封面，内圈厚度 h 与外圈厚度之差为橡胶的压缩量。因为它安装方便、密封可靠，因此应用非常广泛。

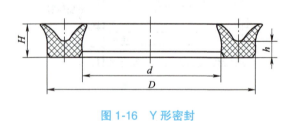

图1-16　Y形密封　　　　　　图1-17　组合式密封

1—内圈　2—外圈

7. 压力表及压力表开关

压力表是用来测量系统工作点压力大小的元件。如图1-18所示，弹簧管式压力表由金属弯管1、指针2、刻度盘3、杠杆4、扇形齿轮5和小齿轮6组成。工作时，压力油进入后使金属弯管1变形，其曲率半径增大，则杠杆4使扇形齿轮5摆动，经小齿轮6带动指针2偏转，从刻度盘3上即可读出压力值。压力表必须直立安装，且接入管道前应通过阻尼小孔，以防压力突变而损坏压力表。用压力表测量压力时，最高压力不应超过压力表量程的3/4。

图1-19所示为压力表开关，主要用于接通或断开压力表与测量点的通路。按压力表开关能测量的压力点数目可分为一点、三点和六点几种。图示位置是非测量位置，此时压力表

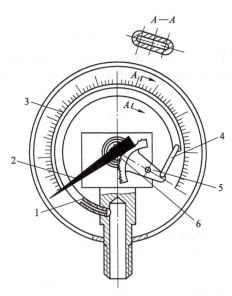

图 1-18 弹簧管式压力表
1—金属弯管 2—指针 3—刻度盘 4—杠杆 5—扇形齿轮 6—小齿轮

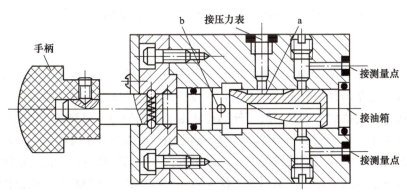

图 1-19 压力表开关

经油槽 a、小孔 b 与油箱相通。推入手柄，油槽 a 将压力表与测量点接通，同时又将压力表与油箱断开。转动手柄即可测量另一点的压力。压力表的过油通道很小，可防止指针的剧烈摆动。在液压系统正常工作后，应切断压力表与系统油路的连接。

二、液压泵

1. 液压泵的分类

液压泵由原动机驱动，把输入的机械能转换为油液的压力能，向液压系统输送足够量的压力油，从而推动执行元件对外做功，是液压系统的心脏。

液压泵按结构分为齿轮泵、叶片泵、柱塞泵和螺杆泵；按输出的排量能否调节分为定量液压泵和变量液压泵。常见的定量液压泵有齿轮泵和双作用叶片泵，变量液压泵有轴向柱塞泵、径向柱塞泵和单作用叶片泵。图 1-2 所示动力滑台液压系统中的元件 1 是轴向柱塞泵。

2. 轴向柱塞泵

如图 1-20 所示为轴向柱塞泵工作原理图。泵主要由斜盘 1、柱塞 2、缸体 3、油盘 4 和传动轴 5 等组成，泵的传动轴中心线与缸体中心线重合斜盘的法线与传动轴线成 γ 角。工作中斜盘和油盘固定不动，传动轴带动缸体和柱塞一起转动，柱塞因底部弹簧的作用，头部始终紧贴斜盘，往复运动中柱塞与缸体间的密封腔容积发生变化，通过配油盘上的窗口吸油和压油。缸体每转一转，每个柱塞各完成一次吸油和压油，缸体连续旋转，柱塞则不断地吸油和压油，输出高压油。

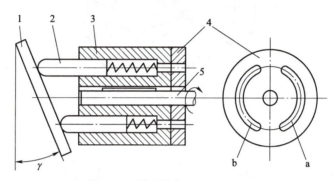

图 1-20 轴向柱塞泵工作原理图

1—斜盘　2—柱塞　3—缸体　4—油盘　5—传动轴　a—吸油窗口　b—压油窗口

3. 径向柱塞泵

图 1-21 所示为径向柱塞泵工作原理图。泵由转子 1、定子 2、柱塞 3、配油铜套 4 和配油轴 5 等组成。柱塞沿径向分布均匀地安装在转子上。配油铜套和转子紧密配合，并套装在配油轴上，配油轴是固定不动的。转子连同柱塞由电动机带动一起旋转。柱塞靠离心力紧压在定子的内壁面上。由于定子和转子之间有一偏心距，所以当转子按图示方向旋转时，柱塞在上半周时向外伸出，其底部的密封容积逐渐增大，产生局部真空，于是通过固定在配油轴上的窗口 a 吸油。当柱塞处于下半周时，柱塞底部的密封容积逐渐减小，通过配油轴窗口 b 把油液压出。转子转一周，每个柱塞各吸、压油一次。

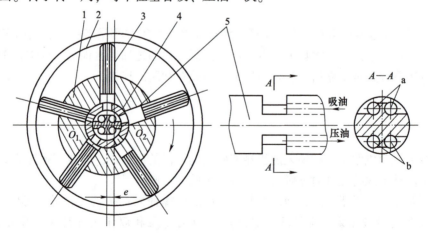

图 1-21 径向柱塞泵工作原理图

1—转子　2—定子　3—柱塞　4—配油铜套　5—配油轴

4. 单作用叶片泵

图 1-22 所示为单作用叶片泵工作原理图。单作用叶片泵由定子 1、转子 2 和叶片 3 组成。转子外表面和定子内表面都是圆柱面，转子的中心与定子的中心之间有一偏心距，两端的配油盘上开有一个吸油窗口和一个压油窗口，如图中虚线所示。当转子旋转一周时，每一叶片在转子槽内往复滑动一次，每相邻两叶片间的密封腔容积发生一次增大和缩小的变化，容积增大时通过吸油窗口吸油，容积缩小时则通过压油窗口压油。由于这种泵在转子每转一周过程中，吸油、压油各一次，故称单作用叶片泵；这种泵的转子受不平衡的径向液压力，故又称非卸荷式叶片泵。

5. 双作用叶片泵

图 1-23 所示为双作用叶片泵工作原理图。定子的两端装有配油盘，定子 1 的内表面曲线由两段大半径 R 圆弧、两段小半径 r 圆弧以及四段过渡曲线组成。定子 1 和转子 2 的中心重合。在转子 2 上沿圆周均布开有若干条（一般为 12 或 16 条）与径向成一定角度（一般为 13″）的叶片槽，槽内装有可自由滑动的叶片 3。在配油盘上对应于定子四段过渡曲线的位置开有四个腰形配油窗口，其中两个与泵吸油口连通的是吸油窗口；另外两个与泵压油口连通的是压油窗口。当转子 2 在传动轴带动下转动时，叶片在离心力和底部液压力（叶片槽底部与压油腔相通）的作用下压向定子 1 的内表面，在叶片、转子、定子与配油盘之间构成互相隔离的密封腔。当叶片从小半径曲线段向大半径曲线段滑动时，叶片外伸，密封腔由小变大，形成部分真空，油液便经吸油窗吸入；当叶片从大半径曲线段向小半径曲线段滑动时，叶片缩回，密封腔由大变小，其中的油液受到挤压，经压油窗口压出。泵每转一周，每个密封空间完成两次吸、压油过程，故称为双作用叶片泵。同时，泵中两吸油区和两压油区各自对称，作用在转子上的径向液压力互相平衡，所以这种泵又被称为平衡式叶片泵。

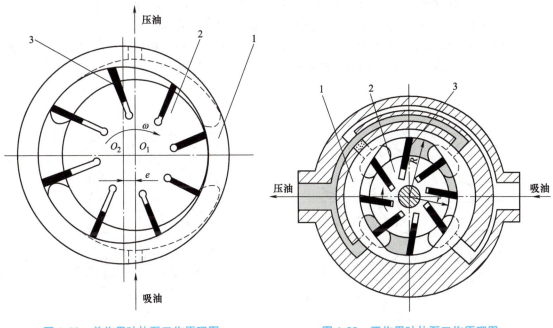

图 1-22 单作用叶片泵工作原理图
1—定子 2—转子 3—叶片

图 1-23 双作用叶片泵工作原理图
1—定子 2—转子 3—叶片

6. 外啮合齿轮泵

图 1-24 所示为外啮合齿轮泵工作原理图。在泵体内有一对齿数相同的外啮合齿轮，齿轮的两侧由端盖盖住，泵体、端盖和齿轮之间形成了密封腔。齿轮泵的内腔被相互啮合的轮齿分成左、右两个密封工作腔。当齿轮按图示方向转动时，左侧油腔由于相互啮合的轮齿逐渐脱开，密封容积增大，形成部分真空，油箱中的油液在大气压作用下进入左侧油腔，将齿槽充满，随着齿轮旋转，齿槽中的油液被带到右侧压油腔中。在右侧油腔中，由于轮齿逐渐进入啮合，密封工作腔的容积不断减小，油液便被压出泵外。齿轮不断旋转，泵连续不断地完成吸、排油过程。

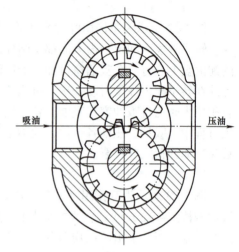

图 1-24　外啮合齿轮泵工作原理图

7. 内啮合齿轮泵

图 1-25 所示为渐开线形内啮合齿轮泵工作原理图。泵由小齿轮、内齿环、月牙形隔板等组成。在小齿轮和内齿轮之间安装有一块月牙形隔板，目的是将吸、压油腔隔开。当小齿轮为主动轮时，带动内齿环绕各自的中心同方向旋转，左半部轮齿退出啮合，容积增大，形成真空，进行吸油。进入齿槽的油被带到压油腔，右半部轮齿进入啮合，容积减小，从压油口压油。

图 1-26 所示为摆线形内啮合齿轮泵工作原理图。泵的主要零件是一对内啮合的齿轮（即内、外转子）。内转子齿数比外转子齿数少一个，两转子之间有一偏心距。工作时内转子带动外转子同向旋转，所有内转子的齿都进入啮合，形成几个独立的密封腔。随着内外转子的啮合旋转，各密封腔的容积将发生变化，从而进行吸油和压油。

内啮合齿轮泵具有结构紧凑、尺寸小、自重轻、运转平稳、噪声小、流量脉动小等优点。其缺点是齿形复杂，加工困难，价格较贵。

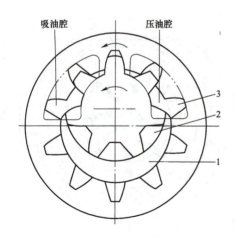

图 1-25　渐开线形内啮合齿轮泵工作原理图
1—月牙形隔板　2—小齿轮　3—内齿轮

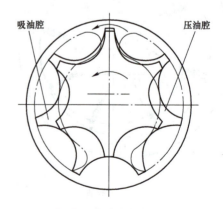

图 1-26　摆线形内啮合齿轮泵工作原理图

8. 常用液压泵的性能比较

液压泵是每个液压系统不可缺少的核心元件，合理选用液压泵对系统的可靠工作很重要。常用液压泵的性能比较及应用见表1-4。

表1-4 常用液压泵的性能比较及应用

性能	轴向柱塞泵	径向柱塞泵	单作用叶片泵	双作用叶片泵	齿轮泵
输出压力/MPa	20~35	10~20	≤7	6.3~20	<20
流量调节	能	能	能	不能	不能
效率	高	高	较高	较高	低
输出流量脉动	一般	一般	一般	很小	很大
自吸能力	差	差	较差	较差	好
对油液污染的敏感性	很敏感	很敏感	较敏感	较敏感	不敏感
噪声	大	大	较大	小	大
应用	工程机械、锻压机械、起重运输机械、矿山机械、冶金机械	机床、液压机、船舶机械	机床、注塑机	机床、注塑机、液压机、工程机械、飞机	机床、工程机械、农业机械、航空、船舶、一般机械

三、液压缸

1. 液压缸

液压缸是液压传动系统中实现直线运动的执行元件，输出力和速度。

液压缸按结构形式分为活塞式、柱塞式和组合式；按作用方式分为单作用式和双作用式，单作用缸只有一个方向的运动由液压驱动，反向运动则由弹簧力或重力完成，双作用缸中两个方向的运动均由液压控制。

活塞式液压缸通常有单杆式和双杆式两种结构形式；按安装方式不同可分为缸筒固定式和活塞杆固定式两种。图1-2所示动力滑台液压系统中的元件14是双作用单杆式液压缸，活塞杆固定式。

2. 伸缩（变幅）液压缸

图1-27所示为双作用单杆式液压缸的结构及图形符号。活塞式液压缸主要由缸筒6、活塞4和活塞杆7等组成，活塞将液压缸内腔分为无杆腔和有杆腔。

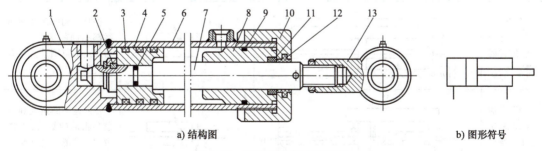

a) 结构图　　　　　　　　　　　b) 图形符号

图1-27 双作用单杆式液压缸

1—缸底 2—半环 3、5、9、11—密封圈 4—活塞 6—缸筒 7—活塞杆 8—导向套 10—缸盖 12—防尘圈 13—耳轴

图 1-28 所示,双作用单杆式液压缸活塞直径为 D、活塞杆直径为 d、无杆腔活塞面积为 A_1、有杆腔活塞面积为 A_2。

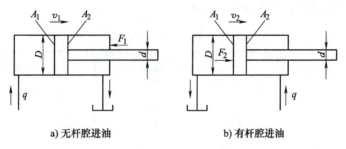

a) 无杆腔进油　　　　　　b) 有杆腔进油

图 1-28　液压缸运动情况

两种工作情况如下。

(1) 无杆腔进油　如图 1-28a 所示,若泵输入液压缸的流量为 q,压力为 p,则活塞的推力 F_1 和运动速度 v_1 为

$$F_1 = pA_1 = p\frac{\pi D^2}{4} \tag{1-7}$$

$$v_1 = \frac{q}{A_1} = \frac{4q}{\pi D^2} \tag{1-8}$$

(2) 有杆腔进油　如图 1-28b 所示,若泵输入液压缸的流量为 q,压力为 p,则活塞的推力 F_2 和运动速度 v_2 为

$$F_2 = pA_2 = p\frac{\pi(D^2-d^2)}{4} \tag{1-9}$$

$$v_2 = \frac{q}{A_2} = \frac{4q}{\pi(D^2-d^2)} \tag{1-10}$$

3. 常用液压缸的性能比较及应用

常用液压缸的性能比较及应用见表 1-5。

表 1-5　常用液压缸的性能比较及应用

类别	工作原理图	图形符号	特点及应用
双杆活塞式液压缸(缸体固定)			往复运动的速度和负载都相同的场合,工作台的运动范围是活塞有效行程的 3 倍
双杆活塞式液压缸(活塞杆固定)			往复运动的速度和负载都相同的场合,工作台的运动范围是缸筒行程的 2 倍

(续)

类别	工作原理图	图形符号	特点及应用
双作用单杆缸			往复运动的速度和负载不同的场合,工作台的运动范围是活塞有效行程2倍
单作用柱塞缸			柱塞与缸体内壁不接触,工艺性好,适用于较长行程的场合;是单作用缸,回程要靠重力或外力来实现
单叶片式摆动缸			输出转矩实现往复摆动,输出轴的摆角小于310°
双片式摆动缸			输出转矩实现往复摆动,输出轴的摆角小于150°,输出转矩是单叶片式摆动缸的两倍

四、液压马达

1. 马达

马达是液压传动系统中实现旋转运动的执行元件。按转速的高低分为高速马达和低速马达,额定转速高于500r/min的属于高速马达,额定转速低于500r/min的属于低速马达;按结构分为柱塞式、叶片式和齿轮式等;按排量是否可以调节分为定量马达和变量马达。马达轴只能在一定的角度范围内做摆动运动的称为摆动式液压马达。

2. 轴向柱塞式液压马达

图1-29所示为轴向柱塞式液压马达工作原理图。该液压马达主要由斜盘1、柱塞2、缸体3、配油盘4和马达轴5等组成,马达轴中心线与缸体中心线重合。当压力油输入时,压力油使处在进油位置的柱塞顶在斜盘1的端面,设此时斜盘给柱塞的反作用力为N,由于斜盘中心线和缸体中心线间有倾角,所以力N可分解为平行柱塞轴线的轴向力F和垂直柱塞轴线的径向力T,轴向力F与液压油压力相平衡,径向力T对缸体轴线产生转矩,驱动缸体旋转。所有处在进油区的柱塞都产生径向力T,它们对缸体轴线产生的转矩驱动缸体和马达

轴旋转。当马达的进、出油口互换时，马达将反向转动。改变马达斜盘倾角时，马达的排量便随之改变，从而可以调节输出转速和转矩。

3. 液压马达与液压泵的异同

从工作原理方面看，液压泵可以作液压马达用；反之亦然。但由于二者的功能不同，对其性能要求也存在不同。同类型的液压泵和液压马达在结构上的差异主要表现在：

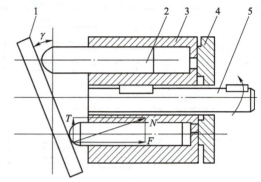

图 1-29 轴向柱塞式液压马达工作原理图
1—斜盘 2—柱塞 3—缸体 4—配油盘 5—马达轴

1）液压马达由于进口为压力油，高于大气压力，所以没有进、出油口结构尺寸上的差别，而液压泵的吸油腔一般存在真空，为改善吸油能力和避免气蚀发生，通常把吸油口做得比出油口大。

2）液压马达直接驱动工作机构，需要正、反双向转动，所以在内部结构上应具有对称性，而液压泵一般是单向转动，为了改善总体性能，其内部结构有时设计得并不对称。

3）液压马达的工作范围较宽，以满足工作机构的要求，液压马达的轴承结构形式和润滑方式在设计时需要考虑速度变化的因素，以确保在很宽的速度范围内都能正常运行，而液压泵转速较高且变化不大，没有这种要求。

4）液压马达通常带载起动，要求有较大的起动转矩和较高的起动效率。

鉴于上述原因，很多同类型的液压泵和液压马达不能互逆使用。

4. 常用液压马达的性能比较及应用

常用液压马达的性能比较及应用见表 1-6。

表 1-6 常用液压马达的性能比较及应用

性能	轴向柱塞液压马达	叶片式液压马达	齿轮式液压马达
压力/MPa	20~35	6.3~20	<20
噪声	大	小	大
单位功率造价	高	中等	最低
应用	起重机、绞车、内燃机车、铲车、数控机床等设备	有回转工作台的机床	钻床、风扇以及工程机械、农业机械的回转机构

五、方向控制阀

1. 方向控制阀

液压传动系统中的方向控制元件包括方向控制阀和单向阀。

方向控制阀是利用阀芯对阀体的相对运动，使油路接通、关断或变换油流的方向，从而实现液压执行元件及其驱动机构的起动、停止或变换运动方向。根据阀芯运动方式分为滑阀（阀芯在阀体中相对滑动）、转阀（阀芯相对于阀体转动）；根据阀的工作位置数分为二位、三位和多位；根据阀的通路数分为二通、三通、四通、五通和多通；根据阀芯运动的操纵方式分为手动、机动、电动、液动和电液动；根据阀的安装方式分为管式、板式和法兰式。

图 1-2 所示动力滑台液压系统中元件 2、5、10 是单向阀，元件 7 是三位四通电磁方向控制阀，元件 6 是三位五通液动方向控制阀，元件 11 是两位两通行程阀。

2. 三位四通手动方向控制阀

图 1-30a 所示为三位四通手动方向控制阀（弹簧钢球定位式），图 1-30b 所示为三位四通手动方向控制阀（弹簧自动复位式）。手动方向控制阀是利用手动杠杆改变阀芯位置而实现换向的。当阀芯处于图示位置时，油口 A、B、P、T 截止；推动手柄，阀芯右移，油口 P 和 B 相通，A 和 T 相通；拉动手柄，阀芯左移，油口 P 和 A 相通，B 和 T 相通；松开手柄时，阀芯在弹簧力的作用下恢复至中位。

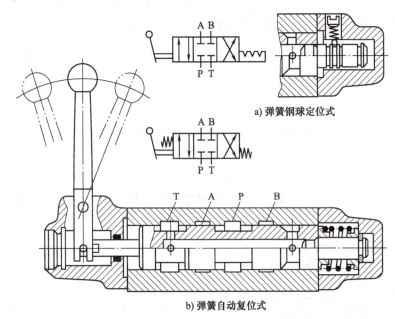

图 1-30 三位四通手动方向控制阀

图形符号的含义如下：
1) 方框表示阀的工作位置，有几个方框就表示有几个工作"位"，称为几位阀。
2) 一个方框中箭头、"⊥"或"⊤"与方框的交点数表示阀的油口数，几个油口就称为几通阀。
3) 方框内的箭头表示两个油口相通，方框内"⊥"或倒写的"⊤"表示此油口被阀芯封闭，处于截止状态。
4) 阀芯移动的操纵方式画在方格的两边，靠近控制（操纵）方式的方框为控制力作用下的工作位置。当方向控制阀没有操纵力的作用处于静止状态时称为常态，三位阀的中位或两位阀有弹簧的位是常态位。
5) 阀与系统供油路连接的进油口用 P 表示，阀与系统回油路连接的回油口用 T 表示，而阀与执行元件连接的工作油口用 A、B 表示。

3. 两位三通电磁方向控制阀

图 1-31 所示为两位三通电磁方向控制阀，阀体左端安装电磁铁，在电磁铁不通电时，阀芯在右端弹簧力的作用下处于左极端位置（常位），油口 P 与 A 连通，油口 B 截止。当电磁铁得电时

产生一个向右的电磁力,该力通过推杆推动阀芯右移,则油口 P 与 B 连通,油口 A 截止。

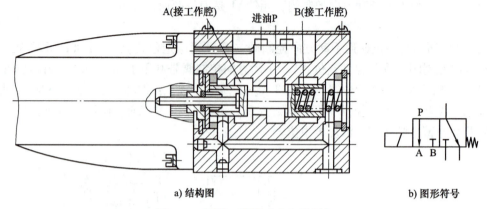

a) 结构图 b) 图形符号

图 1-31 两位三通电磁方向控制阀

4. 常用滑阀式方向控制阀的主体结构形式

滑阀式方向控制阀的主体结构是指阀体和阀芯的结构形式。常用滑阀式方向控制阀的主体结构形式见表 1-7。

表 1-7 常用滑阀式方向控制阀的主体结构形式

名称	结构原理图	图形符号	用途
两位两通			控制油路的接通或断开(相当于一个开关)
两位三通			控制油液流动方向(从一个方向换成另一个方向)
两位四通			控制回油方式相同的正反向运动,执行元件不能在任意位置停止
两位五通			控制回油方式不同的正反向运动,执行元件不能在任意位置停止
三位四通			控制回油方式相同的正反向运动,执行元件能在任意位置停止

(续)

名称	结构原理图	图形符号	用途
三位五通	(结构原理图) T1 A P B T2	A B / T1 P T2	控制回油方式不同的正反向运动,执行元件能在任意位置停止

5. 方向控制阀的操纵方式及图形符号

方向控制阀中阀芯相对于阀体的运动需要有外力操纵。方向控制阀的操纵方式见表1-8。

表1-8 方向控制阀的操纵方式

操纵方式	图形符号	特点
手动	(符号)	结构简单,动作可靠。适用于间歇动作且要求人工控制的小流量场合
机动(滚轮式)	(符号)	又称行程阀,结构简单,动作可靠,换向位置精度高
电磁	(符号)	换向方便,动作快,换向时有冲击
弹簧	(符号)	常用于方向控制阀的复位
液动	(符号)	操纵推力很大,适用于压力高、流量大、阀芯移动行程长的场合
电液	(符号)	电磁方向控制阀为先导阀,液动方向控制阀为主阀,用反应灵敏的小规格电磁阀方便地控制大流量的液动阀换向

6. 三位方向控制阀的中位机能

三位阀中位时油口的连通方式称为中位机能。不同的中位机能体现了方向控制阀不同的控制性能。常用中位机能类型、特点及应用见表1-9。

表1-9 常用三位阀的中位机能

类型	结构原理图	图形符号		特点及应用
		三位四通	三位五通	
O型	T(T1) A P B (T2)	A B / P T	A B / T1 P T2	P、A、B、T口全部截止,液压泵不卸荷,液压缸闭锁,可用于多个方向控制阀的并联工作
H型	T(T1) A P B (T2)	A B / P T	A B / T1 P T2	油口全部相通,活塞处于浮动状态,在外力作用下可移动,泵卸荷

(续)

类型	结构原理图	图形符号 三位四通	图形符号 三位五通	特点及应用
Y型	T(T1) A P B T(T2)	A B / P T	A B / T1 P T2	P口封闭，A、B、T口相通，活塞浮动，在外力作用下可移动，泵不卸荷
C型	T(T1) A P B T(T2)	A B / P T	A B / T1 P T2	P与A口相通，B和T口截止，活塞处于停止位置
P型	T(T1) A P B T(T2)	A B / P T	A B / T1 P T2	P、A、B口相通，T口截止，泵与缸两腔相通，可组成差动回路
K型	T(T1) A P B T(T2)	A B / P T	A B / T1 P T2	P、A、T口相通，B口截止，活塞处于闭锁状态，泵卸荷
M型	T(T1) A P B T(T2)	A B / P T	A B / T2 P T2	P、T口相通，A、B口截止，活塞闭锁不动，泵卸荷，也可用于多个M型方向控制阀串联工作
U型	T(T1) A P B T(T2)	A B / P T	A B / T1 P T2	P和T口都截止，A、B口相通，活塞浮动，在外力作用下可移动，泵不卸荷

六、左右移动动作

如图1-4所示，滑台的左右移动是由先导电磁方向控制阀7控制的。

1. 滑台左移

1YA通电、2YA断电，先导电磁方向控制阀7左位工作。

进油路：过滤器→液压泵1→先导电磁方向控制阀7（左位）→液压缸14无杆腔。

回油路：液压缸14有杆腔→先导电磁方向控制阀7（左位）→油箱。

2. 滑台右移

1YA断电、2YA通电，先导电磁方向控制阀7右位工作。

进油路：过滤器→液压泵1→先导电磁方向控制阀7（右位）→液压缸14有杆腔。

回油路：液压缸14无杆腔→先导电磁方向控制阀7（右位）→油箱。

3. 滑台停止

1YA断电、2YA断电，先导电磁方向控制阀7中位工作。

进油路：过滤器→液压泵1→背压阀3→油箱。

回油路：液压缸14无杆腔→先导电磁方向控制阀7（中位）→油箱。

液压缸14有杆腔→先导电磁方向控制阀7（中位）→油箱。

任务工单

任务工单1-2　左右移动

姓　名		学　院		专　业	
小组成员				组　长	
指导教师		日　期		成　绩	

任务目标

完成动力滑台左右移动系统的搭建与调试。

信息收集	成绩：

1) 了解环境对液压系统的要求。

2) 熟悉液压泵的分类,了解常用液压泵的性能特点。

3) 了解各类液压缸的结构特点及工作性能。

4) 了解液压马达的工作特点。

5) 掌握换向阀图形符号的含义。

任务实施	成绩：

1) 油箱、过滤器、管接头、压力表的作用是什么?

2) 变量叶片泵有哪些?工作原理是什么?

3) 定量叶片泵有哪些?工作原理是什么?

4) 单杆活塞缸输出的力和速度是多少?

5) 液压马达的作用是什么?

6) 画出三位四通双电控方向控制阀的图形符号。

成果展示及评价			成绩：		
自　评		互　评		师　评	
教师建议及改进措施					

（续）

评价反馈	成绩：		
根据自己在课堂中的实际表现进行自我反思和自我评价。 自我反思： 自我评价：			

任务评价表

评价项目	评价标准	配分	得分
信息收集	完成信息收集	15	
任务实施	任务实施过程评价	40	
成果展示及评价	任务实施成果评价	40	
评价反馈	能对自身客观评价和发现问题	5	
总分		100	
教师评语			

任务3　快进

任务描述

本任务以实现动力滑台快进为目标，主要掌握电液方向控制阀的工作原理及应用、差动连接中力和速度的计算、单向阀的工作特点、溢流阀和顺序阀的应用等，学生能实际动手操作并调试系统。培养学生分析信息、总结归纳、调试系统的能力。

任务目标

1）熟练使用电液方向控制阀。
2）会计算差动连接中输出的力和速度。
3）熟练应用单向阀。
4）了解溢流阀的用途，能正确使用溢流阀。
5）能搭建和调试出滑台快进的液压系统。

任务实施

以搭建和调试动力滑台快进液压系统为载体，学习电液方向控制阀、差动连接、单向阀、溢流阀、顺序阀的原理和工作特点。

从图1-2中拆分出滑台快进的控制回路，如图1-32所示。

一、电液方向控制阀

图1-33所示，电磁方向控制阀为先导阀，液动方向控制阀为主阀，用反应灵敏的小规

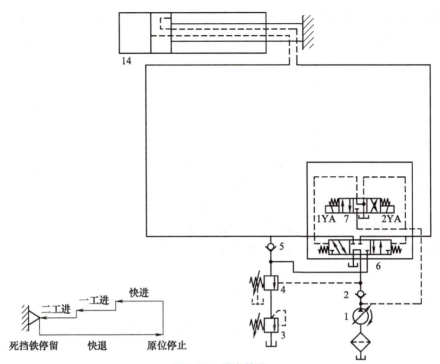

图 1-32 滑台快进

1—液压泵　2、5—单向阀　3—背压阀　4—外控顺序阀　6—主液压换向阀　7—先导电磁换向阀　14—液压缸

格电磁阀方便地控制大流量的液动阀换向。

1. 主液压方向控制阀 6 左位

1YA 通电、2YA 断电，先导电磁方向控制阀 7 左位工作。

进油路：过滤器→液压泵 1→先导电磁方向控制阀 7（左位 P→A）→主液压方向控制阀 6（K1 口）。

回油路：主液压方向控制阀 6（K2 口）→先导电磁方向控制阀 7（左位 B→T）→油箱。

2. 主液压方向控制阀 6 右位

1YA 断电、2YA 通电，先导电磁方向控制阀 7 右位工作。

进油路：过滤器→液压泵 1→先导电磁方向控制阀 7（右位 P→B）→主液压方向控制阀 6（K2 口）。

回油路：主液压方向控制阀 6（K1 口）→先导电磁方向控制阀 7（左位 A→T）→油箱。

3. 主液压方向控制阀 6 中位

1YA 断电、2YA 断电，先导电磁方向控制阀 7 中位工作。

进油路：过滤器→液压泵 1→先导电磁方向控制阀 7 中位（P）。

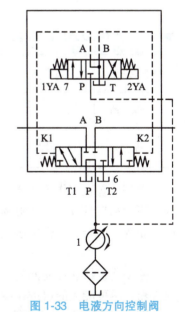

图 1-33 电液方向控制阀

1—液压泵　6—主液压方向控制阀
7—先导电磁方向控制阀

回油路：主液压方向控制阀6（K1口）→先导电磁方向控制阀7中位（A）→油箱

主液压方向控制阀6（K2口）→先导电磁方向控制阀7中位（B）→油箱

二、差动连接

1. 工作原理

双作用单杆活塞缸两腔同时进油，如图1-34所示。

当缸的两腔同时通入压力油时，由于两腔活塞的受力面积不相等，所以作用在活塞两端面上的力不等，产生力差。在此力差的作用下，活塞向右运动，从液压缸有杆腔排出的油液也进入液压缸的无杆腔中，使活塞实现快速运动。这种工作方式称为差动连接。泵的供油量为q，无杆腔的进油量为q_1，有杆腔的排油量为q_2，则活塞的推力F_3和运动速度v_3为

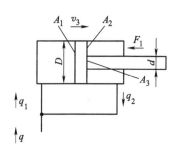

图1-34 液压缸两腔同时进油

$$F_3 = pA_3 = p\frac{\pi d^2}{4} \tag{1-11}$$

$$q = q_1 - q_2 = A_1 v_3 - A_2 v_3 = A_3 v_3 = v_3 \frac{\pi d^2}{4} \tag{1-12}$$

$$v_3 = \frac{4q}{\pi d^2} \tag{1-13}$$

液压缸三种工作情况的特点见表1-10。

表1-10 单杆活塞缸三种工作情况比较

工作情况	力F	速度v	特点	应用	动力滑台液压系统
无杆腔进油	$p\dfrac{\pi D^2}{4}$	$\dfrac{4q}{\pi D^2}$	力大、速度慢	工进	吊臂伸出 变幅缸增幅
有杆腔进油	$p\dfrac{\pi(D^2-d^2)}{4}$	$\dfrac{4q}{\pi(D^2-d^2)}$	力小、速度快	快退	吊臂缩回 变幅缸减幅
差动连接	$p\dfrac{\pi d^2}{4}$	$\dfrac{4q}{\pi d^2}$	力小、速度快	快进	

单杆活塞缸工作的主要特点是：由于液压缸两腔活塞有效作用面积不同，当压力油以相同的压力和流量分别进入缸的两腔时，活塞（缸体）在两个方向上的推（拉）力及运动速度不相等，适合于工作中慢速工进、快速返回的场合，如车床、铣床等设备。

2. 差动连接快速运动回路

差动连接快速运动回路是解决执行元件快速运动的方法。这种回路的功能之一是使执行元件获得尽可能大的快进速度，以提高生产率或充分利用功率。

图1-35所示为差动连接快速运动回路。当方向控制阀1和方向控制阀2都在左位工作时，液压缸右腔回油和液压泵的供油汇合在一起进入左腔，形成差动连接，液压缸快速右行；当阀1左位、阀2右位工作时，差动连接即被解除，液压缸右腔回油经阀1回油箱，液压缸转为慢速右行；阀1和阀2都右位工作时，液压缸向左返回。这种回路结构简单，应用较广，但液压缸的速度增加有限，常和其他方法联合使用。

3. 双泵供油的快速回路

图 1-36 所示为双泵供油的快速回路。图中 1 为低压大流量液压泵，2 为高压小流量液压泵。当系统工作在空载快速状态时，由于系统工作压力低，溢流阀 5 和液控顺序阀 3 都处于关闭状态，此时大液压泵 1 的流量经单向阀 4 和小液压泵 2 的流量汇合于一体共同向系统供油，以满足快速运动的需要；当系统转入工进状态时，系统压力升高，液控顺序阀 3 打开，单向阀 4 关闭，低压大流量液压泵 1 经液控顺序阀 3 卸荷，系统只有液压泵 2 供油，实现工作进给。这种回路由于工进时液压泵 1 卸荷，减少了动力消耗，因此效率高，功率损失小，故应用较广，但结构较复杂，成本高。

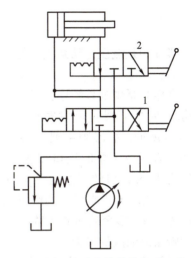

图 1-35　差动连接快速运动回路

三、单向阀

单向阀是液压传动系统中的方向控制元件。单向阀包括普通单向阀（简称单向阀）和液控单向阀。

如图 1-37 所示为单向阀的结构图和图形符号。单向阀由阀体 1、阀芯 2 和弹簧 3 组成。当油液从进油口 P_1 流入时，油液压力克服弹簧力和阀芯与阀体之间的摩擦力，推动阀芯向右移动，打开阀口，并通过阀芯上的径向孔 a、轴向孔 b，从出油口 P_2 流出。当油液流向相反时，由于油液压力和弹簧力使阀芯紧压在阀体的阀座上，关闭阀口，油液不能流动。单向阀控制油液的单方向流动，反方向截止。

单向阀要求油液正向通过时压力损失小，反向截止时密封性能好。因此单向阀中的弹簧仅用于使阀芯在阀座上就位，刚度较小，开启压力仅有 0.04～0.1MPa。若更换成硬弹簧，使其开启压力达到 0.2～0.6MPa，安装在回油路上，可当作背压阀使用。单向阀也可用来分隔油路，防止油路间的干扰。

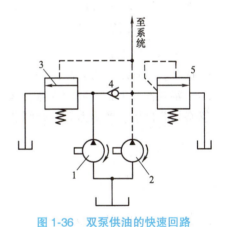

图 1-36　双泵供油的快速回路

1—低压大流量液压泵　2—高压小流量液压泵
3—液控顺序阀　4—单向阀
5—溢流阀

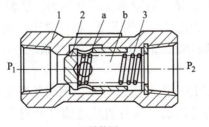

a）结构图

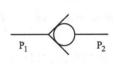

b）图形符号

图 1-37　单向阀

1—阀体　2—阀芯　3—弹簧

四、溢流阀

溢流阀是液压传动系统中的压力控制阀。

1. 工作原理

在定量泵供油系统中,溢流阀溢出多余的油液,配合流量控制阀实现对执行元件的速度控制。如图 1-38 所示,溢流阀主要由阀芯 1 和弹簧 2 组成,阀体上有接液压泵的进口和接油箱的出口,阀芯在弹簧力 F_s 和进口油液液压力 pA(p 为进口油液的压力、A 为阀芯承压面积)的作用下移动,在出口处形成溢流口 h,多余的油液从溢流口流出,溢流口的大小影响溢流油液的多少。

设阀芯另一端调压弹簧受压缩而产生向下的弹簧力为

$$F_s = kx_0 \tag{1-14}$$

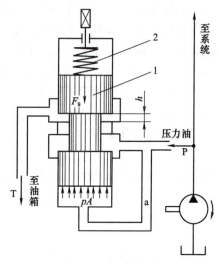

图 1-38 溢流阀的工作原理
1—阀芯 2—弹簧

式中 k——弹簧刚度;
x_0——弹簧预压缩量。

当系统压力较小时,$pA<F_s$,阀芯在弹簧力的作用下位于最下端位置,溢流口 h 处于关闭状态。当系统压力升高到 $pA>F_s$ 时,阀芯上移,弹簧被进一步压缩,产生一附加压缩量 Δx,溢流阀口开启,将多余油液溢回油箱。当溢流阀稳定工作时,阀芯处于某一平衡位置,忽略阀芯自重、摩擦力等,则阀芯的受力平衡方程式为

$$pA = F_s = k(x_0 + \Delta x)$$

$$p = \frac{k(x_0 + \Delta x)}{A} \tag{1-15}$$

式中 p——进油口压力;
A——阀芯承压面积;
k——弹簧刚度;
x_0——弹簧预压缩量;
Δx——弹簧的附加压缩量。

由上式可知,当阀口开度 h 不同时,弹簧的附加压缩量不同,溢流压力 p 也会发生变化。但由于溢流阀稳定工作时阀口开度变化很小,因此 Δx 相对总压缩量非常小,可以认为溢流压力 p 将基本保持恒定。调节弹簧的预压缩量 x_0,即可调节系统的压力大小。

2. 直动式溢流阀

图 1-39 所示为 P 型直动式溢流阀的结构图和图形符号。该阀是利用作用于阀芯上的弹簧力与液压力直接平衡的原理进行压力控制的。压力油从进油口 P 进入,经阀芯上径向孔和阻尼孔 a 作用在阀芯底部端面上。当向上的液压力超过弹簧力时,阀口被打开,多余的油液经回油口 T 溢回油箱。阻尼孔 a 的作用是增加液阻,提高阀芯运动的平稳性。调节螺钉 3

可调节系统的压力。直动式溢流阀用在较高压力时弹簧较硬，特别是大流量下，阀口开度 h 的变化较大，对系统压力的影响也较大，因此只适用于低压小流量场合。

3. 先导式溢流阀

图 1-40 所示为先导式溢流阀的结构图和图形符号。该阀由两部分组成，上部分是先导调压阀（相当于一种直动式溢流阀），下部分是主滑阀。压力油由进油口 b 进入，经孔 a 到达主阀芯下端；同时又经阻尼孔 c→孔 e→孔 f 作用于锥阀 3 的右端。当系统压力 p 较低，小于调压弹簧 4 的预紧力时，锥阀 3（先导阀）闭合。此时，阻尼孔中没有油液流动，主阀芯 1 上、下腔压力相同，溢流阀不溢流。当系统压力升高到能打开先导锥阀时，压力油通过阻尼孔 c→孔 e→孔 f→孔 g 流回油箱，此时阻尼孔产生压力降，主阀芯 1 上端的压力小于下端的压力，主阀芯上移，溢流口打开，进油口 b 与回油口 d 接通，实现溢流。调节调压弹簧 4 的预压缩量，就可调节溢流压力。这种阀的特点是利用主滑阀两端的压力差与弹簧力相平衡的原理进行压力控制。

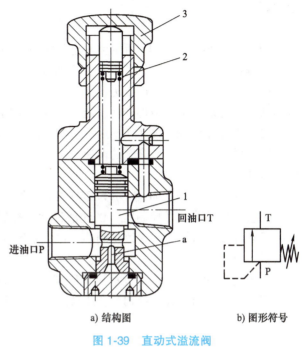

图 1-39 直动式溢流阀

1—阀芯 2—弹簧 3—螺钉

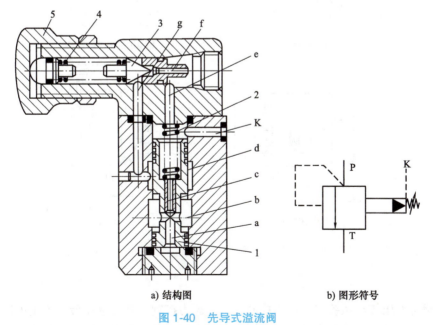

图 1-40 先导式溢流阀

1—主阀芯 2—弹簧 3—锥阀 4—调压弹簧 5—螺帽

阀体上有一个远程控制口 K，当 K 口通过方向控制阀接油箱时，主阀芯在很小的液压力作用下就能实现溢流，使泵卸荷。当 K 口与一个调节压力较低的先导阀接通时，便可实现远程调压。

4. 用途

（1）安全阀　图 1-41a 所示为安全阀应用回路。由于变量泵供油系统可根据液压缸的需要自行调整供油量，因此为了保护整个液压传动系统，当系统压力超过最大允许值（由溢流阀调整，比系统最大工作压力高 10% 左右）时，与泵并联的溢流阀阀口打开，将压力油引回油箱，使系统压力不再升高，起安全保护作用，此时的溢流阀称为安全阀。

（2）调压溢流阀　图 1-41b 所示为调压溢流阀应用回路。定量泵供油系统中，溢流阀与节流阀并联，为了配合节流阀的调速，溢流阀口常开，溢去多余的流量同时保持液压泵的工作压力基本恒定。

（3）卸荷阀　图 1-41c 所示为卸荷阀应用回路。定量泵供油系统中，当电磁铁通电时，先导式溢流阀弹簧腔（控制腔）的油液经远程控制口 K 和电磁换向阀被引回油箱，主阀芯上端压力近似降为零压，导致主阀芯上移，溢流口打开，液压泵输出的压力油经溢流口溢回油箱，主油路卸荷。

（4）背压阀　图 1-41d 所示为背压阀应用回路。将直动式溢流阀串接在系统的回油路中，调节溢流阀的弹簧力可调节背压力的大小，此时的溢流阀称为背压阀。

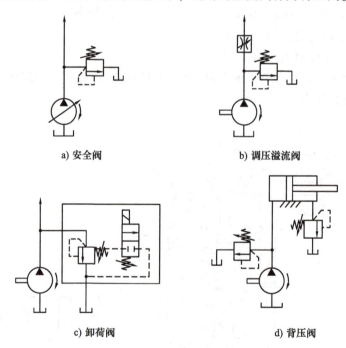

图 1-41　溢流阀的用途

五、顺序阀

顺序阀是液压传动系统中的压力控制元件。压力控制元件是液压传动系统中控制油液压力高低的液压元件，简称压力阀。这类阀是利用作用在阀芯上的液压力和弹簧力相平衡的原理工作的,包括稳定液压系统中某处压力值的溢流阀、减压阀等定压阀;还有利用液压力作为信号控制执行元件的动作,如顺序阀、压力继电器等。

顺序阀是用来控制液压系统中各执行元件动作的先后顺序。根据控制压力的不同,顺序阀又可分为内控式和外控式两种。前者用阀的进油口油液的压力控制阀口的启闭,后者用外来的油液压力控制阀口的启闭(即液控顺序阀)。

图 1-42 所示为液控顺序阀的结构图和图形符号。从控制油口 K 输入外部控制油液,当油液压力大于弹簧的预紧力时,推动阀芯向上移动,打开阀口,进油口 P_1 的油液从出油口 P_2 流出;当油液压力较小时,关闭阀口。

图 1-43 所示为内控顺序阀,靠进油口油液的压力来控制阀芯的启闭。

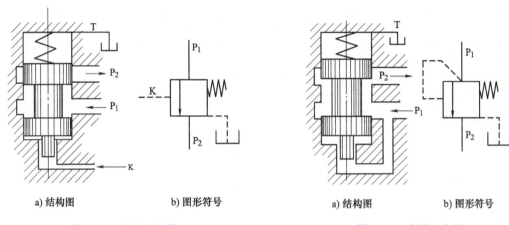

图 1-42 液控顺序阀 　　　　　 图 1-43 内控顺序阀

六、快进动作

1YA 通电、2YA 断电,先导电磁方向控制阀 7 左位工作,主液方向控制阀 6 左位。

进油路:过滤器→液压泵 1→主液方向控制阀 6(左位 P→A)→液压缸 14 无杆腔(此时负载较小,单向阀 2 出口的压力不足以开启外控顺序阀 4)。

液压缸 14 有杆腔→主液方向控制阀 6(左位 B→T2)→单向阀 5→液压缸 14 无杆腔。

通过上述回路中的差动连接,实现快进。

任务工单

任务工单 1-3　快进

姓　名		学　院		专　业	
小组成员				组　长	
指导教师		日　期		成　绩	

任务目标
完成动力滑台快进系统的搭建与调试。

信息收集	成绩:

1)了解方向控制阀的应用、电磁阀的工作特点。

(续)

2)了解分析各种快进控制方式的特点。

3)了解单向阀的应用。

4)分析溢流阀多种用途的性能区别。

任务实施	成绩:

1)画出电磁方向控制阀,分析其功能特点。

2)差动连接实现快进的特点是什么?

3)单向阀的作用是什么?

4)溢流阀有哪些用途?

成果展示及评价				成绩:	
自 评		互 评		师 评	
教师建议 及改进措施					

评价反馈	成绩:

根据自己在课堂中的实际表现进行自我反思和自我评价。

自我反思:

自我评价:

<table>
<tr><td colspan="4" align="center">任务评价表</td></tr>
<tr><td>评价项目</td><td>评价标准</td><td>配分</td><td>得分</td></tr>
<tr><td>信息收集</td><td>完成信息收集</td><td>15</td><td></td></tr>
<tr><td>任务实施</td><td>任务实施过程评价</td><td>40</td><td></td></tr>
<tr><td>成果展示及评价</td><td>任务实施成果评价</td><td>40</td><td></td></tr>
<tr><td>评价反馈</td><td>能对自身客观评价和发现问题</td><td>5</td><td></td></tr>
<tr><td colspan="2" align="center">总分</td><td>100</td><td></td></tr>
<tr><td>教师评语</td><td colspan="3"></td></tr>
</table>

项目一 动力滑台液压系统

▶ 任务4 工进

任务描述

本任务以实现动力滑台工进为目标,主要掌握行程阀、调速阀的工作特点,会搭建以行程阀、调速阀为核心控制元件的换接回路等,学生能实际动手操作并调试系统。培养学生分析问题、解决问题、总结归纳、调试系统的能力。

任务目标

1)熟练使用行程阀、调速阀。
2)能搭建并调试换接回路。
3)掌握工进回路的工作特点。
4)了解容积回路的工作特点。
5)了解同步回路的工作特点。
6)能搭建和调试出滑台工进的液压系统。

任务实施

以搭建和调试动力滑台左右工进液压系统为载体,学习行程阀、调速阀等元件的原理,掌握换接回路、调速回路、容积回路的应用。工进的控制回路图如图1-2所示。工进分为一工进和二工进。

一、行程阀及换接回路

1. 换接回路

速度换接回路的功用是使执行元件实现运动速度的切换。它可以使执行元件从快速空行程转换成低速工作进给,或从第一种工进速度转换成第二种更慢的工进速度。

图1-44所示为行程阀速度换接回路,回路能实现快进、工进、快退和停止的工作循环。图示状态下,方向控制阀3左位、行程阀6下位,液压泵的油液经阀3全部进入液压缸无杆腔,有杆腔油液通过行程阀6和方向控制阀3流回油箱,缸快速进给;当活塞的行程挡块压下行程阀6时,行程阀6换成上位工作,液压缸有杆腔的油液须经调速阀4和方向控制阀3才能流回油箱,这时活塞就由快速进给转换为慢速工进。当方向控制阀3右位工作时,压力油经方向控制阀3和单向阀5进入液压缸有杆腔,液压缸无杆腔油液经方向控制阀3流回油箱,活塞快速退回。这种回路的速度换接比较平稳,但行程阀的

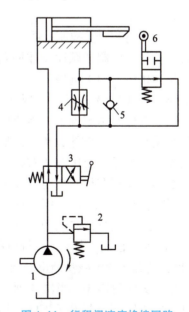

图1-44 行程阀速度换接回路
1—液压泵 2—溢流阀
3—方向控制阀 4—调速阀
5—单向阀 6—行程阀

37

安装位置不能任意布置，必须安装在运动部件附近，有时管路连接较长且较为复杂。

2. 顺序动作回路

顺序动作回路就是控制多个执行元件按照一定顺序先后动作的回路。如在加工零件时需要执行元件按照定位、夹紧、加工、退刀的顺序动作。顺序动作回路按照控制方式的不同有行程控制和压力控制等不同的回路。

（1）行程阀控制　行程控制的顺序动作回路是当一个执行元件运动到指定位置时，行程阀（或行程开关）发出控制信号使另一个执行元件开始运动。

图 1-45 所示为行程阀控制的顺序动作回路。初始状态，缸 3、缸 4 的活塞杆处于收回位置。推动手柄，阀 1 右位工作，缸 3 右行，实现动作①。当缸 3 活塞杆上的挡块压下行程阀 2 的滚轮后，行程阀 2 换成上位工作，缸 4 右行，实现动作②。松开手柄，阀 1 左位工作，缸 3 左行退回，实现动作③。随着挡块左移，阀 2 滚轮被松开，阀 2 换成下位工作，缸 4 左行退回，实现动作④。至此，完成两缸一个工作周期的 4 个顺序动作。这种回路换接位置准确，动作可靠，但行程阀必须安装在液压缸附近，不易改变动作顺序。

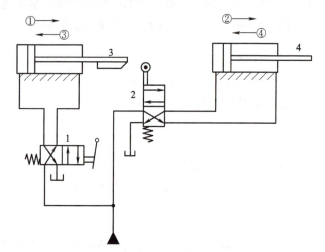

图 1-45　行程阀控制的顺序动作回路

1—方向控制阀　2—行程阀　3、4—液压缸

（2）行程开关控制　图 1-46 所示为行程开关控制的顺序动作回路。按下起动按钮，阀 1 电磁铁通电，左位工作，液压缸 3 右行，实现动作①。当缸 3 右行到指定位置，挡块压下行程开关 ST2 时，使阀 2 的电磁铁通电，换成左位工作，液压缸 4 右行，实现动作②。缸 4 右行到指定位置，挡块压下行程开关 ST4 时，阀 1 的电磁铁断电，缸 3 左行，实现动作③。当缸 3 左行到原位时，挡块压下行程开关 ST1，使阀 2 的电磁铁断电，液压缸 4 左行，实现动作④。当缸 4 到达原位时，挡块压下行程开关 ST3，其发出信号，表明工作循环结束。这种采用电气行程开关控制的顺序动作回路，能方便地调整行程大小和改变动作顺序，因此应用较为广泛。

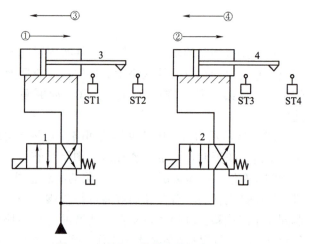

图 1-46　行程开关控制的顺序动作回路

1、2—电磁阀　3、4—液压缸

二、调速阀及换接回路

1. 节流阀

当执行元件的有效面积一定时,执行元件的运动速度取决于输入执行元件的流量。流量控制阀就是用来控制油液流量的阀,简称流量阀。常用的流量阀有节流阀和调速阀等。

图 1-47 所示为节流阀的结构图和图形符号。节流阀采用的是轴向三角槽式节流口,压力油从进油口 P_1 流入孔道 a 和阀芯 1 左端的三角槽而进入孔道 b,再从出油口 P_2 流出。阀芯 1 在弹簧 4 的作用下始终紧贴在推杆上。调节手柄 3,可通过推杆 2 使阀芯做轴向移动,改变节流口的过流断面积,从而调节流量。

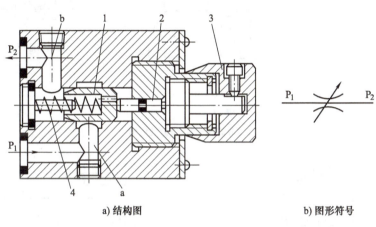

a) 结构图　　　　　　　　b) 图形符号

图 1-47　节流阀

1—阀芯　2—推杆　3—手柄　4—弹簧

2. 单向节流阀

图 1-48 所示为单向节流阀的图形符号。该阀是由单向阀和节流阀组成的复合阀。单向阀只允许油液单方向流通,反方向只能从节流阀通过,调节节流阀的阀口开度就能控制油液流量的大小。

图 1-48　单向节流阀图形符号

3. 调速阀

图 1-49 所示为调速阀的结构图及图形符号。调速阀是由节流阀 1 和定差减压阀 2 串联而成的,节流阀用来调节通过阀的流量从而保证调速阀的流量稳定,减压阀用来保持节流阀前后的压差不变。设减压阀的进口压力为 p_1,出口压力为 p_2,通过节流阀后降为 p_3。当负载 F 变化时,出口压力 p_3 随之变化,则调速阀进出口压差 p_1-p_3 也随之变化,但节流阀两端压差 p_2-p_3 却保持不变。例如,当 F 增大时,p_3 增大,减压阀芯弹簧腔油液压力增大,阀芯下移,阀口开度 x 加大,使 p_2 增加,结果 p_2-p_3 保持不变,反之亦然,从而保证通过的流量稳定。

图 1-50 所示为调速阀并联的速度换接回路,阀 6 在左位工作时,实现液压缸的快速运动,当阀 6 换成右位工作时,阀 7 切换阀 4 和阀 5 接入回路,实现两个慢速工进。

图 1-51 所示为调速阀串联的速度换接回路。阀 5 在左位工作时,实现液压缸的快速运动,当阀 5 换成右位工作时,阀 7 左位工作,则阀 4 控制第一工进的速度,阀 7 右位,由于阀 6 的开口调得比阀 4 小,第二次工进速度由阀 6 控制,且比第一次工进速度低。

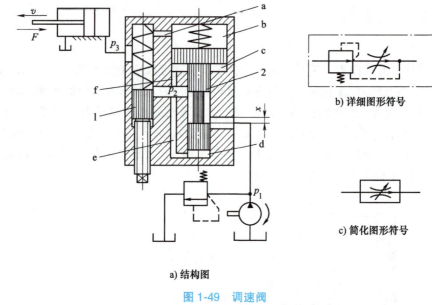

a) 结构图

图 1-49 调速阀

1—节流阀　2—定差减压阀

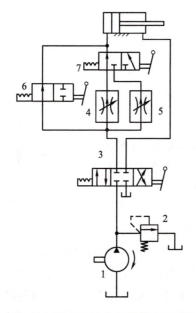

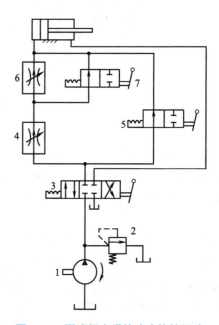

图 1-50　调速阀并联的速度换接回路

1—液压泵　2—溢流阀　3—三位方向控制阀
4、5—调速阀　6—两位两通方向控制阀
7—两位三通方向控制阀

图 1-51　调速阀串联的速度换接回路

1—液压泵　2—溢流阀　3—三位方向控制阀
4、6—调速阀　5、7—两位两通方向控制阀

调速阀串（并）联的速度换接回路，液压缸的速度不会出现很大冲击，但是能量损失较大。

三、工进动作

工进控制回路如图 1-2 所示。

1. 一工进

快进到位，压下行程阀 11，11 换成上位，负载增大、工作压力增大，工作压力大于顺序阀的调定压力，顺序阀 4 打开。

控制油路：1YA 通电、2YA 断电，先导电磁方向控制阀 7 左位工作。

进油路：过滤器→液压泵 1→先导电磁方向控制阀 7（左位）→主液压方向控制阀 6（左液控口）。

回油路：主液压方向控制阀 6（右液控口）→先导电磁方向控制阀 7（左位）→油箱。

主液压方向控制阀 6 换成左位。

主油路如下。

进油路：过滤器→液压泵 1→主液方向控制阀 6（左位）→一工进调速阀 8→电磁方向控制阀 12（右位）→液压缸 14 无杆腔。

回油路：液压缸 14 有杆腔→主液方向控制阀 6（左位）→外控顺序阀 4→背压阀 3→油箱。

实现一工进，工进速度由一工进调速阀 8 控制。因为使用的液压泵 1 是变量泵，该泵自动调节流量。

2. 二工进

一工进到位，压下行程行程开关 17，使电磁方向控制阀 12 的电磁铁 3YA 通电，12 换成左位。

控制油路同"一工进"。

主油路如下。

进油路：过滤器→液压泵 1→主液方向控制阀 6（左位）→一工进调速阀 8→二工进调速阀 9→液压缸 14 无杆腔。

回油路：液压缸 14 有杆腔→主液方向控制阀 6（左位）→外控顺序阀 4→背压阀 3→油箱。

实现二工进，工进速度由二工进调速阀 9 控制。液压泵 1 自动调节流量。行程阀 11 在工进期间一直被压下。

四、节流调速回路

节流调速回路属于速度控制回路。速度控制回路的功用是控制执行元件的运动速度。它包括调速回路和速度变换回路。

调速回路是通过调节输入流量来调节执行元件的运动速度。调速回路可分为节流调速、容积调速和容积节流调速三类。

节流调速回路是利用流量阀控制流入或流出液压执行元件的流量来实现对执行元件速度的调节。根据流量阀在回路中的位置不同，节流调速回路可分为进油节流调速、回油节流调速和旁路节流调速三种基本回路。

1. 进油节流调速回路

图 1-52 所示为进油节流调速回路，该回路是把流量阀安装在液压缸进油路上，调节流量阀阀口的大小，便可以控制进入液压缸的流量，从而达到调速的目的。

2. 回油节流调速回路

图 1-53 所示为回油节流调速回路，该回路是把流量阀安装在液压缸出口油路上，调节流量阀阀口的大小，便可以控制流出液压缸的流量，从而达到调速的目的。

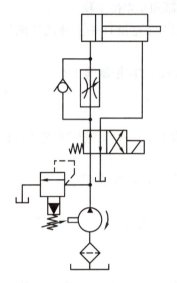

图 1-52　进油节流调速回路

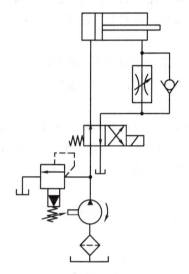

图 1-53　回油节流调速回路

由于节流阀安放的位置不同，进、回油节流调速性能上的区别如下：

进油节流调速回路中，油液经节流阀产生的热量进入液压缸，不利于散热，会降低液压油的性能，加重液压缸的泄漏；回油节流调速回路中，油液经节流阀产生的热量直接进入油箱，散热方便。

进油节流调速回路中，要想使负载运动平稳性好，需要加装背压阀，会增加回路的功率损耗；回油节流调速回路中，由于节流阀直接安装在回油路上，直接在液压缸的回油腔产生背压，因此运动的平稳性好，能承受一定的负值负载。

综上所述，进、回油节流调速由于存在节流功率损耗、效率低，因此只适用于低速、轻载和小功率的场合。

3. 旁路节流调速回路

如图 1-54 所示为旁路节流调速回路。该回路是把流量阀安装在与执行元件并联的支路上，用流量阀调节流回油箱的流量，从而调节进入液压缸的流量，达到节流调速的目的。正常工作时溢流阀关闭，液压泵输出油压随负载变化，回路效率高。一般液压泵输出油压低于溢流阀的设定压力，而且流量控制阀也可选用较小容量的阀。但是液压泵的供油流量发生变化时，执行元件的速度将受影响。由于无背压，不宜用在负值负载的场合，旁路节流调速回路可用于负载变化较小而且速度较高的场合。

在进口、出口和旁路节流调速回路中，可用节流阀也可用调速阀。由于节流阀与调速阀相比，在结构组成上少了减压

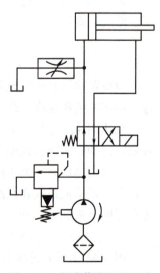

图 1-54　旁路节流调速回路

阀，所以用节流阀组成的调速回路中，当负载变化时，速度的稳定性会受到影响，一般用于负载变化不大的液压系统中，但功率损失比调速阀要低。

五、容积调速回路

节流调速回路由于存在着节流损失和溢流损失，回路效率低、发热量大，只适用于小功率调速系统。在大功率调速系统中，多采用回路效率高的容积调速回路。容积调速回路就是采用变量泵或变量马达来调节工作部件速度的回路。

1. 变量泵-液压缸

图1-55所示为变量泵-液压缸组成的容积调速回路，该回路是通过改变变量液压泵的输出流量来实现调速的。由于变量泵泄漏较大，随压力的增大泄漏量增大，因而这种调速方法速度负载特性较差，且低速承载能力较差。该回路多用在推土机、升降机、插床、拉床等大功率系统中。

2. 变量泵-定量马达

图1-56所示为变量泵-定量马达组成的容积调速回路，该回路是通过改变变量液压泵的输出流量来实现调速的。工作时溢流阀5关闭，起安全阀作用，并且回路最大工作压力由溢流阀调定，辅助液压泵1持续补油以保持变量液压泵的吸油口有一较低的压力，压力由溢流阀2调定。辅助液压泵1的流量为变量液压泵最大输出流量的10%～15%。这种调速回路的特点是效率高，输出转矩为恒值，调速范围较大，但价格较贵，元件泄漏对速度有很大影响。可应用于小型内燃机车、液压起重机、船用绞车等装置中。

3. 定量泵-变量马达

图1-57所示为定量泵-变量马达组成的容积调速回路，该回路通过调节变量液压马达6的排量对液压马达的转速进行调节。该回路效率高，输出功率为恒定值。但调速范围小，过小地调节液压马达的排量，输出转矩将降至很小，以致带不动负载，造成液压马达自锁现象，故这种调速回路很少单独使用。

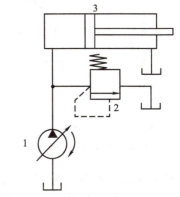

图1-55 变量泵-液压缸容积调速回路
1—变量液压泵 2—溢流阀 3—液压缸

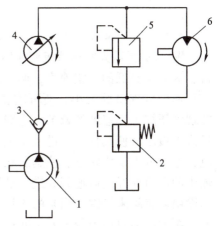

图1-56 变量泵-定量马达容积调速回路
1—辅助液压泵 2、5—溢流阀 3—单向阀
4—变量液压泵 6—定量液压马达

4. 变量泵-变量马达

图1-58所示为变量泵-变量马达组成的容积调速回路，该回路采用双向变量液压泵和双向变量液压马达的容积调速回路，由于液压泵和液压马达的排量都可以改变，因此扩大了液压马达的调速范围。回路中各元件对称布置，改变变量液压泵4的供油方向，变量液压马达5则可正向或反向旋转。单向阀6和8用于辅助液压泵双向补油，单向阀7和9使溢流阀3在两个方向都能起过载保护作用。这种回路的优点是调整范围大，但结构复杂，适用于大功率场合。

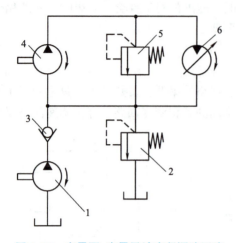
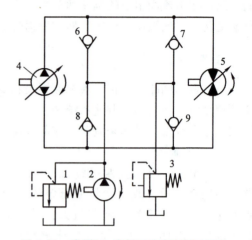

图 1-57 定量泵–变量马达容积调速回路
1—辅助液压泵　2、5—溢流阀　3—单向阀
4—定量液压泵　6—变量液压马达

图 1-58 变量泵–变量马达容积调速回路
1、3—溢流阀　2—辅助液压泵　4—变量液压泵
5—变量液压马达　6~9—单向阀

容积调速回路中，液压泵输出的液压油全部直接进入液压缸或液压马达，故无溢流和节流损失，且液压泵的工作压力随负载的变化而变化，故这种回路效率高，发热量小，多用于工程机械、矿上机械、农业机械和大型机床等大功率液压系统。

六、容积节流调速回路

容积节流调速回路是利用变量液压泵和调速阀的组合来调节执行元件的速度。

图 1-59 所示为容积节流调速回路。对单杆活塞缸而言，为获得更低的稳定速度，调速阀装在进油路上，调节调速阀节流口的大小，便可改变进入液压缸的流量，实现液压缸工作速度的调节。空载时，液压泵以最大流量进入液压缸使其快进。进入工进时，方向控制阀 2 通电，左位进入工作状态，使其所在油路断开，使液压泵输出的压力油经过调速阀 3 进入液压缸，液压缸的运动速度由调速阀来控制。当泵的流量大于液压缸所需流量时，泵的出油口压力便上升，通过压力反馈作用，使泵的流量自动减小，直到二者相等为止；反之，当泵的流量小于液压缸所需流量时，泵的出油口压力便下降，通过压力反馈作用，使泵的流量自动增大，直到二者相等为止。工进结束后，压力继电器 6 发出信号，使方向控制阀 2 和 5 换向，调速阀再次被短接，液压缸实现快退。

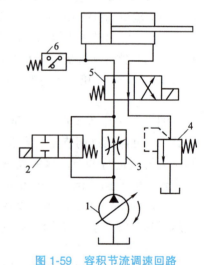

图 1-59 容积节流调速回路
1—变量液压泵　2、5—方向控制阀
3—调速阀　4—溢流阀　6—压力继电器

容积节流调速回路的特点是变量液压泵的供油量能自动接受流量阀调节并与之吻合，无溢流损失，效率高。同时，变量液压泵的泄漏由于压力反馈作用而得到补偿，进入执行元件的流量由调速阀控制，故速度稳定性比容积调速回路调速好，因此适用于要求速

度稳定、效率高的液压系统。

七、同步回路

同步控制回路,是指多个执行元件在运动中保持相同位移或相同速度。同步控制回路分为位置同步回路和速度同步回路。在多液压缸系统中,由于液压缸存在制造误差、承受的载荷不等、泄漏量不同等因素,即使各液压缸的有效工作面积和流量相同,也不会使各液压缸完全同步动作。同步回路有以下几种。

1. 液压缸串联的同步控制回路

图1-60所示为液压缸串联的同步控制回路。图中液压缸4的右腔和缸5的左腔相通,这两个腔油液的流量相等,只要两液压缸的活塞有效面积相等,即可实现两缸同步运动。这种回路结构简单,效率较高,两液压缸可承受不同的负载。但由于制造误差、泄漏等因素的影响,这种回路的同步精度较低,若不采取补偿措施,最终将使两液压缸严重失去同步而不能正常工作。

2. 流量阀的同步回路

图1-61所示为调速阀控制的同步回路。两个液压缸5的运动速度分别用两个单向调速阀4调节,通过调节调速阀的开口度来改变调速阀的流量,可以实现两个液压缸的同步运动。这种回路结构简单且可以调速,但是该种回路的同步精度较低,同步速度误差约为5%~7%。

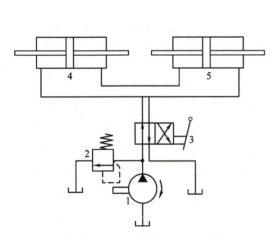

图1-60 液压缸串联的同步控制回路
1—液压泵 2—溢流阀 3—方向控制阀
4、5—液压缸

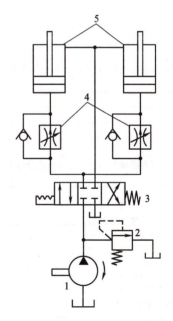

图1-61 调速阀控制的同步回路
1—液压泵 2—溢流阀 3—方向控制阀
4—单向调速阀 5—液压缸

任务工单

任务工单1-4　工进

姓　　名		学　　院		专　　业	
小组成员				组　　长	
指导教师		日　　期		成　　绩	

任务目标

完成动力滑台工进系统的搭建与调试。

信息收集	成绩：

1）了解行程阀、调速阀的工作特点。

2）了解分析各种换接回路的特点。

3）比较各种容积回路的特点。

4）比较各种同步回路的特点。

任务实施	成绩：

1）画出行程阀控制的换接回路，并进行回路分析。
_____
_____
_____
_____

2）画出调速阀控制的换接回路，并进行回路分析。
_____
_____
_____
_____

3）容积回路有哪些？各自的工作特点是什么？
_____
_____
_____

成果展示及评价			成绩：	
自　评		互　评		师　评	
教师建议 及改进措施					

评价反馈	成绩：

根据自己在课堂中的实际表现进行自我反思和自我评价。

自我反思：_____
_____

自我评价：_____
_____

(续)

任务评价表

评价项目	评价标准	配分	得分
信息收集	完成信息收集	15	
任务实施	任务实施过程评价	40	
成果展示及评价	任务实施成果评价	40	
评价反馈	能对自身客观评价和发现问题	5	
总分		100	
教师评语			

任务5 快退

任务描述

本任务以实现动力滑台快退进为目标,主要掌握压力继电器、液压锁、单向顺序阀、减压阀的工作原理,掌握顺序动作回路、锁紧回路、压力回路的应用,使学生能实际动手操作并调试系统。培养学生分析信息、解决问题、总结归纳、调试系统的能力。

任务目标

1)熟练使用压力继电器,能正确分析顺序动作回路。
2)熟练使用液压锁,能正确分析锁紧回路。
3)熟练使用单向顺序阀,能正确分析压力回路。
4)熟练使用减压阀,能正确分析减压回路。
5)能搭建和调试出滑台快退的液压系统。

任务实施

以搭建和调试动力滑台快退液压系统为载体,学习压力继电器、液压锁、减压阀、单作用活塞液压缸等元件的工作原理,掌握顺序动作回路、锁紧回路、压力回路及增压回路的应用。

一、压力继电器及顺序动作回路

1. 压力继电器

压力继电器是液压传动系统中的压力控制元件。如图1-62所示为柱塞式压力继电器的结构图和图形符号。柱塞式压力继电器由柱塞1、顶杆2、调节螺钉3和微动开关4组成。压力油从油口P流入,作用在柱塞1底部,当压力达到继电器调定值时,油液克服弹簧阻力和柱塞摩擦力推动柱塞上升,通过顶杆2触动微动开关4发出信号。压力继电器是一种将液压信号转换为电信号的元件。电信号控制电动机、电磁铁和电磁离合器等元件动作,实现泵的加载或卸载、执行元件顺序动作、系统安全保护和元件动作连锁等功能。

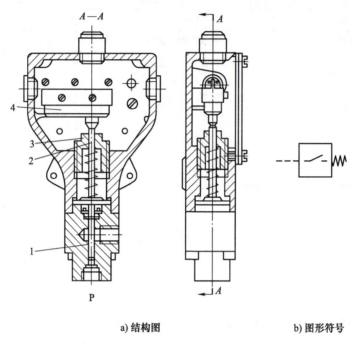

a) 结构图　　　　　　b) 图形符号

图 1-62　柱塞式压力继电器

1—柱塞　2—顶杆　3—调节螺钉　4—微动开关

压力继电器的性能指标主要有两项:

(1) 调压范围　发出电信号的最低和最高工作压力间的范围。打开面盖,拧动调节螺钉,即可调整工作压力。

(2) 通断返回区间　压力继电器发出信号时的压力称为开启压力,切断电信号时的压力称为闭合压力。开启时,柱塞、顶杆移动所受的摩擦力方向与压力方向相反,闭合时则相同,故开启压力比闭合压力大。两者之差称为通断返回区间。通断返回区间要有足够的数值;否则,系统有压力脉动时,压力继电器发出的电信号会时断时续。为此,有的产品在结构上可人为地调整摩擦力的大小,使通断返回区间的数值可调。

2. 压力继电器控制的顺序动作回路

图 1-63 所示为压力继电器控制的顺序动作回路。当电磁铁 2YA 通电时,液压缸 A 右行,实现动作①,当缸 A 碰到死挡铁后,活塞停止运动,系统压力升高至压力继电器的调定值,压力继电器发出信号,使电磁铁 1YA 通电,则缸 B 右行,实现动作②。采用压力继电器控制的顺序动作回路,控制比较

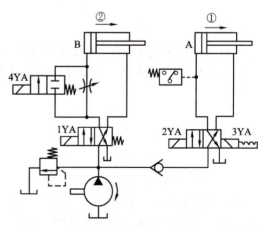

图 1-63　压力继电器控制的顺序动作回路

灵活方便，但由于其灵敏度高，易受油路中压力冲击影响而产生错误动作，故只适用于压力冲击较小的系统，且同一系统中压力继电器的数目不宜过多。

二、快退动作

快退控制回路如图 1-2 所示。

1. 死挡铁停留

二工进到位后死挡铁停留。死挡铁停留是为了提高滑台加工进给的位置精度。此时 1YA、3YA 通电，系统压力升高，达到压力继电器 13 的调定值，13 发出电信号，使电气控制线路中的时间继电器工作，停留时间由时间继电器调定。

2. 快退

时间继电器发出电信号，1YA 断电、2YA 通电、3YA 断电。先导电磁换向阀 7 右位工作。此时负载的压力小，外控顺序阀 4 不能打开。

控制回路如下。

进油路：过滤器→液压泵 1→先导电磁方向控制阀 7（右位）→单向节流阀 16（单向阀）→主液压方向控制阀 6（右液控口）。

回油路：主液压方向控制阀 6（左液控口）→先导电磁方向控制阀 7（左位）→单向节流阀 15（节流阀）→油箱。

主液压方向控制阀 6 换成右位。

主回路如下。

进油路：过滤器→液压泵 1→主液电磁方向控制阀 6（右位）→液压缸 14 有杆腔。

回油路：液压缸 14 无杆腔→单向阀 10→主液电磁方向控制阀 6（右位）→油箱。

实现快退。快退中，前一段行程阀 11 被压下，后一段行程阀 11 被松开。

3. 原位停止

快退到位，触动行程开关，所有电磁铁断电。先导电磁方向控制阀 7 换成中位、主液电磁方向控制阀 6 换成中位，液压缸被锁紧。

三、液压锁及锁紧回路

1. 液控单向阀

图 1-64 所示为液控单向阀的结构原理图和图形符号。该阀由单向阀和液控装置组成。当控制口 K 未通入压力油时，其作用和普通单向阀一样，压力油只能由 P_1 流向 P_2，反向截止。当控制口 K 通入控制压力油后，油液压力推动活塞 1 右移，顶杆 2 顶开阀芯 3 离开阀座，使油口 P_1 和 P_2 相通，油液可以从 P_2 流向 P_1。液控单向阀能实现油液的双方向流动。

液控单向阀具有良好的单向密封性能，常用于执行元件需要长时间保压、锁紧的情况，也用于防止立式液压缸在自重作用下下滑等。

2. 双向液压锁

图 1-65 所示为双向液压锁的结构原理图和图形符号。两个液控单向阀共用一个阀体和控制活塞，两个锥阀芯 4 分别置于控制活塞的两侧，锥阀芯 4 中装有卸荷阀芯 3。当 P_1 腔通压力油时，一方面顶开左面的锥阀芯使 P_1 腔和 P_2 腔接通；另一方面由于控制活塞右移，顶开右面锥阀使 P_3 腔和 P_4 腔接通。同样，P_3 腔通压力油时也可使两个锥阀同时打开。即

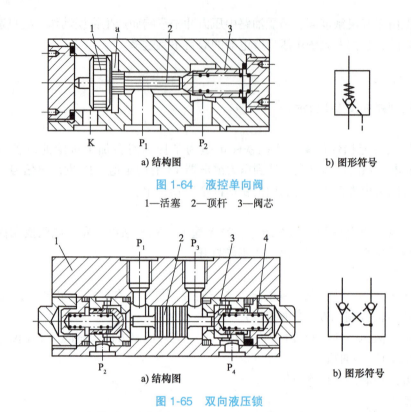

图 1-64 液控单向阀
1—活塞 2—顶杆 3—阀芯

图 1-65 双向液压锁
1—阀体 2—控制活塞 3—卸荷阀芯 4—锥阀芯（主阀芯）

P_1、P_3 任一腔通压力油都可使 P_1 腔与 P_2 腔、P_3 腔与 P_4 腔接通，而 P_1 腔、P_3 腔都不通压力油时，P_2 腔和 P_4 腔被两个液控单向阀封闭。汽车起重机的支腿锁紧机构就是采用双液控单向阀来实现整个起重机支撑的，在系统停止供油时，支腿仍能保持锁紧。

3. 锁紧回路

锁紧回路属于方向控制回路。方向控制回路的功用是通过控制液压系统中油液的通、断和流动方向来实现执行元件的起动、停止和换向。除了锁紧回路，方向控制回路还包括换向回路。

换向回路的功用是改变执行元件的运动方向。根据性能和使用场合的不同，可选择不同操纵方式的方向控制阀组成换向回路。每个液压系统都有换向回路。

锁紧回路的作用是使执行元件能停止在任意位置，不会因外界作用力的影响而发生窜动或漂移。锁紧的原理就是封闭执行元件的回油口。

（1）采用方向控制阀的锁紧回路　利用三位方向控制阀的中位机能（O 型或 M 型）封闭液压缸两腔进出油口，可将活塞锁紧。由于滑阀式方向控制阀存在泄漏，锁紧效果较差，因此常用于锁紧精度要求不高、停留时间不长的液压系统中。

（2）采用液控单向阀的锁紧回路　图 1-66 所示为采用液控单向阀的锁紧回路。当方向控制阀处于中位时，液压缸两腔进出油口被液控单向阀封闭，活塞可以在行程的任何位置停止锁紧，其锁紧效果只受液压缸泄漏的影响，因此锁紧精度较高。这种锁紧回路常用于锁紧精度要求高，且需长时间锁紧的液压系统中，如汽车起重机的支腿油路和矿山机械中液压支架的油路。

四、单向顺序阀及压力回路

1. 单向顺序阀

图 1-67 所示为单向顺序阀的图形符号。该阀是由单向阀和液控顺序阀组成的复合阀。当外控油液压力较低时，油液只能经过单向阀单方向流动；当外控油液压力达到顺序阀调定的压力时，顺序阀阀口打开，油液反向流动。

2. 外控顺序阀平衡回路

为了防止立式液压缸及其工作部件在悬空停止期间因自重而下滑，或在下行运动中由于自重而造成失控超速的不稳定运动，可设置平衡回路。

平衡回路的功用是平衡执行元件的重力负载，通过平衡阀产生的压力来平衡重力产生的压力。回路要求结构简单、闭锁性能好、工作可靠。

图 1-68 所示为顺序阀平衡回路。当三位阀左位工作时，油液进入缸 2 无杆腔的同时进入单向顺序阀的控制口，当系统压力达到单向顺序阀 1 的开启压力时，顺序阀打开，缸 2 有杆腔的油液经顺序阀和三位阀流回油箱，活塞杆驱动负载平稳下移。由于滑阀本身的泄漏，这种平衡回路存在闭锁不严现象，活塞不能长期停留在任意位置上。

3. 内控顺序阀平衡回路

图 1-69 所示为内控顺序阀平衡回路。在垂直放置的液压缸 2 的下腔串接单向顺序阀 1，回油经顺序阀流出，回油背压由顺序阀调定。顺序阀的调定压力应稍大于工作部件在液压缸

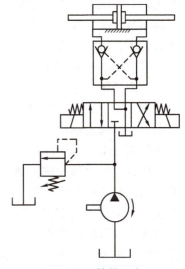

图 1-66 锁紧回路

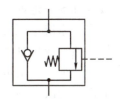

图 1-67 单向顺序阀图形符号

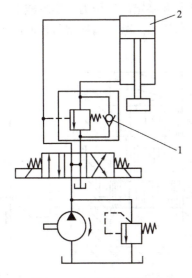

图 1-68 顺序阀平衡回路
1—单向顺序阀 2—液压缸

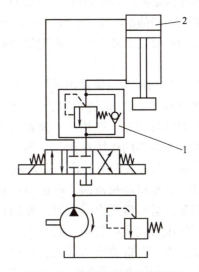

图 1-69 内控顺序阀平衡回路
1—单向顺序阀 2—液压缸

下腔产生的压力，这样可以防止液压缸因自重而下滑。但该种平衡回路的缺点是闭锁不严，活塞不能长期停留在任意位置上，且当自重较大时，顺序阀调定压力较高，活塞下行时功率损失较大，回路只适用于工作部件重量不太大的场合。

4. 顺序阀控制的顺序动作回路

压力顺序动作回路是由顺序阀或压力继电器来控制多个执行元件的动作。

图1-70所示为顺序阀控制的顺序动作回路。当方向控制阀1左位工作时，顺序阀3的调定压力大于液压缸4右行的最大工作压力，压力油先进入液压缸4的无杆腔，活塞右行实现动作①。动作①完成后，系统压力升高，达到顺序阀3的调定值，压力油流过单向顺序阀3进入液压缸5的无杆腔，缸5的活塞右行实现动作②。当方向控制阀1右位工作时，单向顺序阀2的调定压力大于液压缸5的最大返回工作压力，液压缸5先退回，实现动作③。动作③完成后，系统中压力升高，达到顺序阀2的调定值，液压缸4活塞左行，实现动作④。为保证严格的顺序动作，防止顺序阀在油路压力波动等外界干扰下产生错误动作，顺序阀的调整压力必须高于先动作液压缸的最大工作压力约0.8~1MPa。

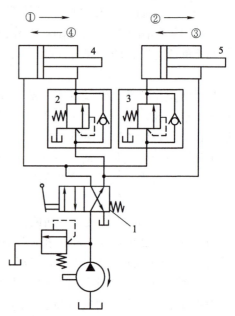

图1-70 顺序阀控制的顺序动作回路
1—方向控制阀 2、3—单向顺序阀
4、5—液压缸

五、减压阀及压力回路

减压阀是液压传动系统中的压力控制元件。通过调节和稳定出口压力，实现减低液压系统中某一回路的油液压力，使一个油源同时提供多个输出压力。减压阀根据所控制的压力不同，分为定值输出减压阀和定差减压阀。

1. 定值输出减压阀

图1-71所示为定值输出减压阀的结构图和图形符号。P_1是进油口，P_2是出油口，出油口与阀芯下腔相通，弹簧力和出油口油液压力共同作用在阀芯，当二者平衡时，阀芯在弹簧作用下处于最下端位置，阀的进、出油口是相通的，进出口油液的压力相等；当出口压力增大时，作用在阀芯下端的压力大于弹簧力，阀芯上移，阀口开度减小，阀口处阻力增大，此时若忽略其他阻力，仅考虑作用在阀芯上的液压力和弹簧力相平衡的条件，则可以认为出

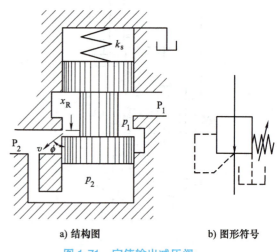

a) 结构图　　　　b) 图形符号

图1-71 定值输出减压阀

口压力下降,基本上维持在某一定值,即调定值(该值由弹簧调定);当出口压力减小时,阀芯就下移,阀口开度增大,阀口处阻力减小,压降减小,则出口压力回升。

2. 定差减压阀

图 1-72 所示为定差减压阀的结构图和图形符号。高压油以压力 p_1 经节流口 x_R 减压后以低压 p_2 流出,同时低压油经阀芯中心孔将压力传至阀芯上腔,则其进、出油液压力在阀芯有效作用面积上的压力差与弹簧力相平衡,即

$$\Delta p = p_1 - p_2 = \frac{k_s(x_c + x_R)}{\frac{\pi}{4}(D^2 - d^2)} \quad (1\text{-}16)$$

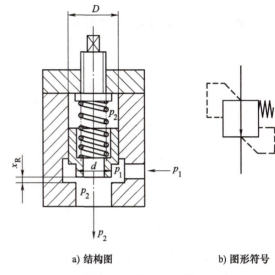

a) 结构图　　b) 图形符号

图 1-72　定差减压阀

式中,x_c 为当阀芯开口 $x_R = 0$ 时弹簧的预压缩量,其余符号如图所示。由上式可知,只要尽量减小弹簧刚度 k_s 和阀口开度 x_R,就可使压力差 Δp 近似地保持为定值。

因此,定差减压阀是使进、出油口之间的压力差等于或近似于不变的减压阀。

3. 减压回路

减压回路的功用是从液压源处获得一级或几级较低的恒定工作压力。图 1-73 所示为用于工件夹紧的减压回路。减压阀 2 调定夹紧缸所需的低压。为使减压回路工作可靠,主系统工作压力应比减压阀的调定压力至少高 0.5MPa。通常,为了防止系统压力降低时油液倒流,并可短时保压,在减压阀后要设置单向阀 3。为确保安全,应采用失电夹紧的电磁方向控制阀,以防止在电路出现故障时松开工件造成事故。

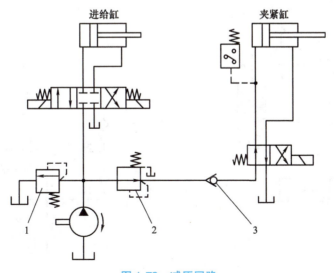

图 1-73　减压回路

1—溢流阀　2—减压阀　3—单向阀

六、单作用活塞缸及增压回路

1. 单作用单杆缸

单作用单杆缸图形符号如图 1-74 所示。油液只能控制活塞的单方向运动，反向运动由弹簧力来完成。

2. 单作用多级缸

单作用多级缸的图形符号如图 1-75 所示。有多个单向依次外伸运动的活塞（柱塞），各活塞（柱塞）逐次运动时，其运动速度和推力均是变化的。其反向内缩运动由外力来完成。

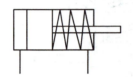
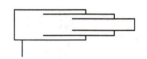

图 1-74　单作用单杆缸图形符号　　　　图 1-75　单作用多级缸图形符号

3. 增压回路

增压回路的功用是为了满足局部工作机构的需要，在系统整体工作压力较低的情况下，提高系统中某一支路的工作压力。

图 1-76 所示为单作用增压器的增压回路。在图示状态下，液压泵输出的液压油以压力 p_1 进入增压器的 1 的左腔，推动活塞右行，增压器 1 的右腔输出压力 p_2 进入工作缸 2，由于 $A_1 > A_2$，因此输出压力 $p_2 > p_1$，以此达到增压的目的。

单作用增压回路只能断续供油，若需获得连续输出的高压油，就要采用双作用增压器的增压回路，如图 1-77 所示。液压泵输出的压力油进入增压器左端大油腔 A_{11}，右端大油腔 A_{12} 回油，活塞右移，右端小油腔 A_{22} 增压后的高压油经单向阀 4 输出，此时单向阀 1、3 被封闭。油路换向后，活塞左移，左端小油腔 A_{12} 经单向阀 3 输出高压油，此时单向阀 2、4 被封闭。增压器活塞不断地往复运动，两端便交换输出高压油，从而实现连续增压。

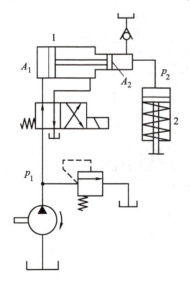
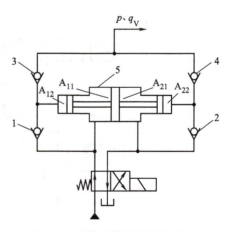

图 1-76　单作用增压器的增压回路　　　　图 1-77　双作用增压器的增压回路

1—增压器　2—工作缸　　　　1~4—单向阀　5—增压器

任务工单

任务工单1-5　快退

姓　名		学　院		专　业	
小组成员				组　长	
指导教师		日　期		成　绩	

任务目标

完成动力滑台快退系统的搭建与调试。

信息收集	成绩：

1）了解压力继电器的应用、顺序动作回路的工作特点。

2）了解液压锁、锁紧回路的工作特点。

3）了解单向顺序阀、压力回路的工作特点。

4）了解减压阀、减压回路的工作特点。

任务实施	成绩：

1）画出压力继电器的图形符号,分析顺序动作回路。
_____

2）画出液压锁的图形符号,分析锁紧回路。
_____
_____

3）画出单向顺序阀的图形符号,分析压力回路。
_____
_____
_____

成果展示及评价				成绩：	
自　评		互　评		师　评	
教师建议及改进措施					

评价反馈	成绩：

根据自己在课堂中的实际表现进行自我反思和自我评价。

自我反思：_____

_____

自我评价：_____

_____

(续)

任务评价表			
评价项目	评价标准	配分	得分
信息收集	完成信息收集	15	
任务实施	任务实施过程评价	40	
成果展示及评价	任务实施成果评价	40	
评价反馈	能对自身客观评价和发现问题	5	
总分		100	
教师评语			

任务6 认识系统特点

任务描述

本任务主要是了解动力滑台液压传动系统的特点，掌握液压传动技术的优缺点，了解液压传动系统的发展。培养学生查阅资料、分析信息、总结归纳的能力。

任务目标

1) 了解动力滑台液压系统的特点。
2) 掌握液压传动技术的优缺点。
3) 了解液压传动技术的发展。

任务实施

了解动力滑台液压传动系统的工作特点，讲解液压传动系统的应用案例，概括液压传动系统的优缺点，了解液压传动系统的发展趋势。

一、动力滑台液压系统的特点

动力滑台液压系统采用的基本回路如下：
1) 电液方向控制阀的启停、换向回路。
2) 变量泵的流量卸荷回路。
3) 变量泵和调速阀的容积节流调速回路。
4) 液压缸差动连接的快速回路。
5) 行程阀控制的快速与慢速换接回路。
6) 调速阀串联的两种慢速换接回路。

动力滑台液压系统的特点是：
1) 联合调速使系统无溢流损失、效率高。
2) 差动连接增速，使泵的选择和能量的利用合理。

3）进油节流和背压阀联合应用，使工进的运动平稳性好。
4）采用行程阀进行慢速换接，换接平稳、位置准确可靠。
5）采用死挡铁停留，提高了进给位置精度。
6）整个工作循环自动转换完成，自动化程度高。

二、液压传动技术的优缺点

1. 液压传动的优点

1）液压传动装置的控制、调节比较简单，操纵比较方便、省力，易于实现自动化。
2）液压传动装置工作平稳、反应快、冲击小，能快速起动、制动和频繁换向。
3）液压传动易获得很大的力和力矩，可以使传动结构简单。
4）液压传动能方便地实现无级调速，并且调速范围大。
5）液压系统易于实现过载保护，同时，因采用油液作为传动介质，相对运动表面间能自行润滑，故元件的使用寿命长。
6）单位功率的重量轻，即在输出同等功率的条件下，体积小、重量轻、惯性小、结构紧凑、动态特性好。
7）由于液压元件已实现了标准化、系列化和通用化，所以液压系统的设计、制造和使用都比较方便。液压元件的排列布置也具有较大的机动性。

2. 液压传动的缺点

1）对温度变化敏感：温度上升会使液压油黏度下降，流量增大；温度降低时液压油的黏度上升，压力损失增大，同时影响响应速度。
2）实现定比传动困难：液压系统的漏油问题很难彻底解决，液压油本身又有可压缩性，所以在液压系统中严格的传动比不易保证。
3）传动效率低：在节流调速系统中节流损失过大，在高压控制系统曳溢流损失过大，此外液压油由于自身黏性的作用，流动能量损失较大，故不宜远程传输。
4）液压元件制造精度高，油液的泄漏易污染环境和产生火灾。
5）由于液压元件及工作介质都会使机器发生故障，所以液压系统出现故障不易诊断。

三、液压传动技术的发展

液压传动起源于 1654 年帕斯卡提出的静压传动原理，18 世纪末英国制成了世界上第一台水压机；1905 年将工作介质由水改为油后，液压传动的性能得到了很大改善；在第二次世界大战期间，由于军事工业需要反应快、精度高、功率大的液压传动装置而推动了液压技术的发展，战后液压技术迅速转向民用。

随着科学技术特别是控制技术和计算机技术的发展，液压技术在汽车、机床、工程机械、农业机械等行业中逐步得到推广。在汽车工业中，高空作业车、汽车起重机、液压越野车、消防车和自卸式汽车等都采用液压传动技术；在工程机械行业中，普遍采用了液压传动技术，如推土机、装载机、平地机、振动式压路机和挖掘机等；在机械制造行业，广泛应用液压传动技术的设备有组合机床、冲床、自动线和气动扳手等；在冶金行业中，应用液压传动技术的有电炉控制系统、平炉装料、转炉控制、轧钢机、压力机、步进加热炉等。

随着原子能技术、空间技术、计算机技术的发展，当前液压技术正向着高压、高速、大功率、高效率、低噪声、长寿命、高度集成化、复合化、小型化及轻量化等方向发展；同时，新型液压元件和液压系统的计算机辅助设计（CAD）、计算机辅助测试（CAT）、计算机直接控制（CDC）、机电一体化技术、计算机仿真和优化设计技术、可靠性技术以及污染控制等，也是当前液压技术研究和发展的方向。

任务工单

任务工单1-6　认识系统特点

姓　名		学　院		专　业	
小组成员				组　长	
指导教师		日　期		成　绩	

任务目标

总结动力滑台液压传动系统的工作特点。

信息收集　　　　　　　　　　　　　　　　　　成绩：

1）了解动力滑台液压传动系统的工作特点。

2）了解液压传动系统的优缺点。

3）了解液压传动系统的发展趋势。

任务实施　　　　　　　　　　　　　　　　　　成绩：

1）动力滑台液压传动系统的基本回路有哪些？

_____

_____

_____

2）液压传动系统的优缺点是什么？

_____

_____

3）液压传动系统的发展趋势是什么？

_____

_____

成果展示及评价　　　　　　　　　　　　　　　　成绩：

自　评		互　评		师　评	
教师建议及改进措施					

评价反馈　　　　　　　　　　　　　　　　　　成绩：

根据自己在课堂中的实际表现进行自我反思和自我评价。

自我反思：_____

_____

自我评价：_____

_____

项目一　动力滑台液压系统

(续)

评价项目	评价标准	配分	得分
信息收集	完成信息收集	15	
任务实施	任务实施过程评价	40	
成果展示及评价	任务实施成果评价	40	
评价反馈	能对自身客观评价和发现问题	5	
总分		100	
教师评语			

任务评价表

项目检测

1. 什么是液压传动？液压传动系统由哪几部分组成？各部分的作用是什么？
2. 常用的液压油有哪些？如何选用？
3. 定量液压泵有哪些？变量液压泵有哪些？它们的工作特点各是什么？
4. 画出图1-78所示的机床工作台液压系统的图形符号图，并分析其工作情况。

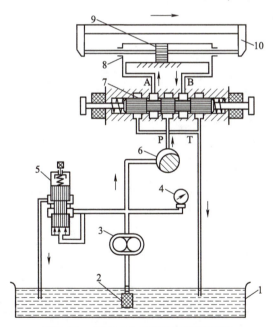

图1-78　机床工作台的液压传动系统
1—油箱　2—过滤器　3—液压泵　4—压力计
5—溢流阀　6—节流阀　7—方向控制阀
8—液压缸　9—活塞　10—工作台

5. 标出图1-79所示回路的元件名称，说明图1-79a、b中元件2功能上的区别。

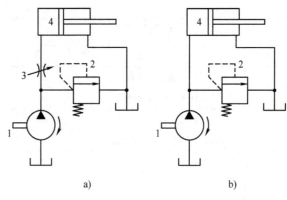

图 1-79

6. 设计能实现定位-夹紧顺序动作的回路。
1) 使用压力控制方式。
2) 使用行程控制方式。
7. 设计能实现机床工作台快进-工进-快退的液压回路。

项目二

气动钻床系统

项目描述

气动钻床是一种由气动钻削头完成主轴旋转（主运动），由气动滑台实现进给运动的自动钻床，还能根据需要在机床上安装回转工作台，工作台由摆动气缸驱动，以实现边加工边装卸工件，提高生产率。

控制要求

图 2-1 所示为气动钻床的气压控制系统。该系统有送料缸、夹紧缸和钻削缸，一个工作周期内要顺序完成连续动作：送料→夹紧→送料后退→钻孔→钻头退回→松夹。

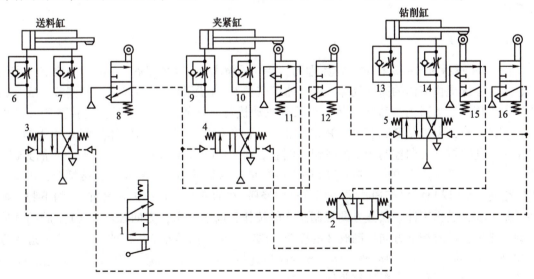

图 2-1 气动钻床的气压控制系统

1—手动方向控制阀　2~5—双气控方向控制阀　6、7、9、10、13、14—单向节流阀　8、11、12、15、16—行程阀

项目目标

1) 能实现连续循环动作：送料→夹紧→送料后退→钻孔→钻头退回→松夹。
2) 掌握气压传动系统的组成及各部分的作用。
3) 能正确使用常见的气压元件。
4) 能正确搭建气压回路解决实际控制需求。
5) 能进行常见气压传动系统故障的诊断与维修。
6) 熟知气压传动技术的特点及应用。

任务 1　认识系统

任务描述

本任务主要学习气压传动的工作原理、系统组成、图形符号及空气的性质，目的是使学生对气压传动系统有个基本认知。培养学生提取查阅信息、深入思考、总结归纳的能力。

任务目标

1) 了解气压传动系统的工作原理。
2) 了解气压传动系统的组成。
3) 认识气压元件的图形符号。
4) 了解空气的性质。

任务实施

以送料机构气压系统为例，讲解气压传动的工作原理、系统组成、图形符号，了解空气的性质。

一、工作原理

图 2-2a 所示为送料机构的工作原理图。空气压缩机 1、后冷却器 2、油水分离器 3 和储气罐 4 为系统提供清洁的高压气体，经分水滤气器 5、减压阀 6 和油雾器 7 的调节，成为具有润滑作用、压力适当的清洁气体，供系统驱动执行元件使用。当松开方向控制阀 8 的按钮，阀芯左移，A 口和 O 口相通、P 口截止，方向控制阀 10 下腔的气体经阀 8 的 A 口、O 口排出，此时按下方向控制阀 9 的按钮，阀芯右移，P 口和 A 口相通、O 口截止，油雾器 7 排出的气体一部分进入方向控制阀 10 的上腔，推动活塞下移，改变阀口连接情况，P 口和 B 口相通、A 口和 O_1 口相通，另一部分气体经阀 10 的 P 口、B 口进入气缸 11 的下腔，推动活塞上移，送出工件。松开方向控制阀 9 的按钮，阀芯左移，方向控制阀 10 上腔的气体经阀 9 排出，此时按下方向控制阀 8 的按钮，阀芯右移，油雾器 7 排出的气体一部分进入方向控制阀 10 的下腔，推动活塞上移，改变阀口连接情况，另一部分经阀 10 进入气缸 11 的上腔，推动活塞下移，送料活塞收回。

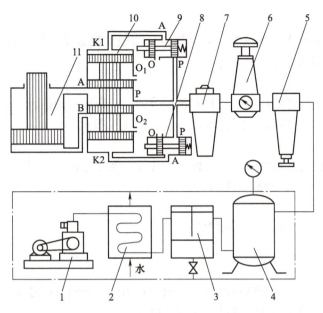

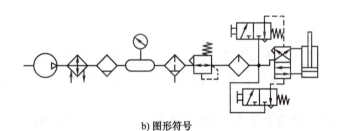

图 2-2 送料机构
1—空气压缩机 2—后冷却器 3—油水分离器 4—储气罐 5—分水滤气器 6—减压阀
7—油雾器 8、9—按钮式方向控制阀 10—气控方向控制阀 11—气缸

送料机构的送料及活塞的退回动作控制是典型的利用气压进行工作的装置,分析其工作情况可知,气压传动就是以压缩空气为工作介质来传递运动和动力的一种传动方式。通过增加密闭系统中气体的密度,压力增强,形成压力能,传递动力;通过密闭系统中气体容积的变化,消耗气体的压力能,传递运动。

气压传动技术是实现执行元件按照预先设定的动作顺序或条件运动的一种自动化控制技术,是工业自动化的一种重要技术手段。因其具有防火、防爆、节能、高效、低污染等优点,在纺织、食品、制药、橡胶、造纸、汽车以及电子工业中被广泛应用。

二、系统组成

以送料机构为例,气压传动系统由以下几个部分组成。

1. 气源装置

将机械能转换成气体的压力能,为系统提供动力的装置,由空气压缩机及其附件组成,如图 2-2 中的空气压缩机 1、后冷却器 2、油水分离器 3 和储气罐 4。

2. 执行元件

把气体的压力能转化为机械能，驱动执行机构做往复运动（如气缸）或旋转运动（如气马达），如图 2-2 中的气缸 11。

3. 控制元件

控制和调节压缩气体的压力、流量和流动方向，以保证气动执行元件按预定的程序正常地进行工作，如图 2-2 中的方向控制阀 8、9、10，减压阀 6。

4. 辅助元件

解决元件内部润滑、排气噪声、元件间的连接以及信号传递等需要的各种气动元件，如图 2-2 中的分水滤气器 5、油雾器 7 和气管等。

5. 工作介质

传递能量和信号的气体——压缩空气。

三、图形符号

在工程实际中，除某些特殊情况外，一般都是用简单的图形符号来绘制气压传动系统原理图。图 2-2b 就是用图形符号绘制的送料机构系统图。

四、空气性质

1. 空气的组成

自然界的空气是由许多种气体混合而成的，体积比分别为 N_2 78.03%、O_2 20.95%、H_2 0.93%、CO_2 0.03%、氦气及其他稀有气体 0.01%，还有水蒸气、砂土等细小固体颗粒。

2. 干空气和湿空气

不含水蒸气的空气称为干空气。湿空气是干空气和水蒸气的混合气体。湿空气中水蒸气的含量会随着温度和压力的变化而发生变化。湿度表示湿空气中所含水分的程度。

（1）绝对湿度　每立方米湿空气中所含水蒸气的质量。

（2）饱和绝对湿度　在一定的温度和压力下，空气中所含水蒸气达到最大极限时的湿空气称为饱和湿空气。每立方米饱和湿空气中所含水蒸气的质量称为湿空气的饱和绝对湿度。

（3）相对湿度　在相同温度、压力下，绝对湿度与饱和绝对湿度之比称为该温度下的相对湿度。通常情况下人体在空气相对湿度为 60%~70% 环境中感觉较为舒适。气动技术中规定各种阀允许使用的空气相对湿度应小于 95%。

（4）含湿量　在湿空气中，每千克质量的干空气中所混合的水蒸气的质量称为含湿量。

（5）湿空气的露点　使湿空气中的水蒸气因冷却而开始凝析成水的温度称为湿空气的露点。

3. 空气的黏性

气体在流动过程中产生内摩擦力的性质称为黏性。黏性的大小用黏度表示。气体相对于液体而言其黏度要小得多，因此在管道内流动速度相同的条件下，气体相对于液压油流动损失要少得多。

4. 空气的压缩性

一定质量的静止气体由于压力改变而导致气体所占容积发生变化的现象称为气体的压缩性。由于气体比液体容易压缩，所以气体常被称为可压缩流体。气体容易压缩，有利于气体的贮存，但难于实现气缸的平稳运动和低速运动。

5. 空气的质量等级

在相同产值的情况下，气动元件的使用量及应用范围已远远超过液压元件。小型化、轻量化、集成化和低能耗成为气动元件的发展趋势。空气质量低劣，会使优良的气动设备频繁出现各种故障，缩短使用寿命，但如对空气质量提出过高要求，则又会增加压缩空气的成本。为此，国际标准化组织专门制定了空气的质量等级标准——ISO 8573-1。该标准对压缩空气中的固体尘埃颗粒度、含水率（以压力露点形式要求）和含油量的要求划分了质量等级，详见表2-1。

表 2-1 压缩空气的质量等级（ISO 8573-1）

等级	最大粒子		常压露点(最大值)/℃	最大含油量/(mg·m^{-3})
	尺寸/μm	浓度/(mg·m^{-3})		
1	0.1	0.1	-70	0.01
2	1	1	-40	0.1
3	5	5	-20	1.0
4	15	8	+3	5.0
5	40	10	+7	25.0
6			+10	
7			不规定	

例如，某气压传动系统要求空气质量等级为234，数字2表示最大粒子为1μm，数字3表示常压露点温度为20℃，数字4表示最大含油量为5.0 mg/m^{-3}。

任务工单

任务工单2-1 认识气压系统

姓　　名		学　　院		专　　业	
小组成员				组　　长	
指导教师		日　　期		成　　绩	

任务目标

完成对气压传动系统工作原理、组成、图形符号及空气性质的认知。

信息收集	成绩：

1）了解气压传动系统的工作原理。

2）了解气动送料机构的工作过程。

3）了解气压传动系统的组成及图形符号。

4）了解空气的性质。

任务实施	成绩：

1）气压传动系统的工作原理是什么？

（续）

2）气压传动系统分为哪几部分？各部分的作用是什么？
_____
_____
_____

3）绘制气动送料机构的回路图。
_____
_____
_____

4）空气的性质有哪些？
_____
_____
_____

成果展示及评价		成绩：	
自 评		互 评		师 评	
教师建议及改进措施			

评价反馈	成绩：

根据自己在课堂中的实际表现进行自我反思和自我评价。
自我反思：_____
_____

自我评价：_____
_____

任务评价表

评价项目	评价标准	配分	得分
信息收集	完成信息收集	15	
任务实施	任务实施过程评价	40	
成果展示及评价	任务实施成果评价	40	
评价反馈	能对自身客观评价和发现问题	5	
总分		100	
教师评语			

▶ 任务2　送料

任务描述

本任务以实现气动钻床送料动作为目标，主要了解气源装置及附件的应用、了解气动执行元件的功能特点、了解气动控制元件的工作性能。学生能实际动手操作并调试系统。培养学生分析信息、总结归纳、调试系统的能力。

任务目标

1) 了解空气压缩机、后冷却器的作用。
2) 了解无杆气缸、摆动气缸的工作原理。
3) 掌握梭阀、双压阀的工作原理。
4) 能搭建和调试出气动钻床送料气压系统。

任务实施

以搭建和调试送料气压系统为载体，学习气源装置、气动执行元件、启动该控制元件的工作原理和工作特点。

从图 2-1 中拆分出送料动作的控制回路，如图 2-3 所示。

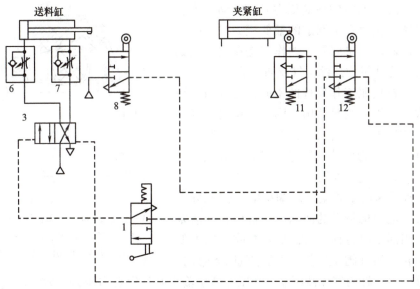

图 2-3　送料动作控制回路

1—手动方向控制阀　3—双气控方向控制阀　6、7—单向节流阀　8、11、12—行程阀

一、气源装置及附件

气源装置又称动力源，其作用是为气动设备提供满足要求的压缩空气，该空气具有一定的压力和流量，并经过净化处理且可以储存。如图 2-4 所示，气源装置是以空气压缩机为主体的元件组，主要包括后冷却器、油水分离器和储气罐；气源装置的附件有分水滤气器和油雾器。

1. 空气压缩机

空气压缩机及其附件如图 2-5 所示。在电动机的驱动下，空气压缩机将大气压力状态下的空气压缩成较高的压力，输送给气动系统。为了保证输送出连续而压力稳定的气体，空气压缩机产生的压缩空气先存入小气罐 4 中，当小气罐内压力超过允许限度时，溢流阀 2 会自动打开向外排气；压力开关 7 可根据气罐中压力的大小来自动控制电动机的起动和停转。当

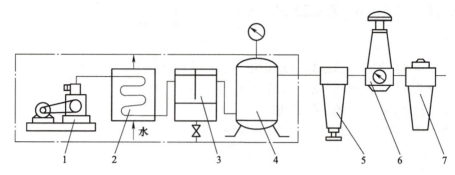

图 2-4 气源装置及附件

1—空气压缩机 2—后冷却器 3—油水分离器 4—储气罐
5—分水滤气器 6—减压阀 7—油雾器

气罐内压力上升到调定的最高压力时，电动机停止运转；当气罐内压力降至调定的最低压力时，电动机又重新自动起动。单向阀 3 的作用是在空气压缩机不工作时，阻止罐内压缩空气反向流动。

空气压缩机按照工作原理的不同，可分为容积式和动力式两大类；按照结构不同，容积式空气压缩机可分为往复式和旋转式。往复式分为活塞式和膜片式；旋转式分为叶片式、螺杆式和涡旋式。最常用的是活塞式空气压缩机。

图 2-6 所示为活塞式空气压缩机的工作原理图和图形符号。电动机带动的曲柄滑块机构驱动活塞往复运动。当活塞向右移动时，活塞左腔的压力低于大气压力 p_a，吸气阀 8 开启，外界空气吸入缸内。

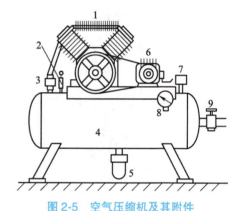

图 2-5 空气压缩机及其附件

1—空气压缩机 2—溢流阀 3—单向阀
4—小气罐 5—排水器 6—电动机
7—压力开关 8—压力表 9—截止阀

活塞向左移动时，缸内气体被压缩，当压力高于输出空气管道内压力 p 后，排气阀 1 打开，压缩空气送至输气管内。曲柄每转一周，活塞完成一次空气的吸入、压缩和排气过程。这种空气压缩机在排气结束时，气缸内总有剩余容积存在，而在下一次吸气时，剩余容积内的压缩空气会膨胀，从而减少了吸入的空气量，降低了效率，增加了压缩功。

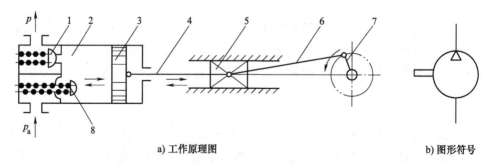

a) 工作原理图　　　　　　　　　　b) 图形符号

图 2-6 活塞式空气压缩机

1—排气阀 2—气缸 3—活塞 4—活塞杆 5—滑块 6—连杆 7—曲柄 8—吸气阀

空气压缩机选用的主要依据是气动系统的工作压力和流量。选择工作压力时，考虑到沿程压力损失，气源压力应比气动系统中工作装置所需的最高压力再增大20%左右。选择流量时，考虑到泄漏等影响，在整个气动系统所需的最大理论耗气量的基础上，应加一定的余量。

2. 后冷却器

后冷却器的作用是将空气压缩机排出的140～170℃的压缩气体冷却到40～50℃，将在高温下汽化的水气、油雾等冷凝成水滴和油滴析出。

后冷却器按结构形式分为列管式、散热片式、蛇管式等；按冷却方式分为水冷式和风冷式。图2-7所示为水冷蛇管式后冷却器。热的压缩空气在蛇形管内流动，冷却水在管外反向流动，通过管壁交换热量。注意冷却水与热空气的流动方向相反，这样可达到较佳的冷却效果。

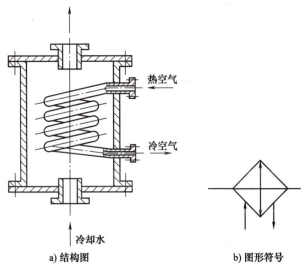

a) 结构图　　　b) 图形符号

图 2-7　水冷蛇管式后冷却器

3. 油水分离器

油水分离器的作用是分离压缩空气中凝聚的水分和油分等杂质，初步净化空气。结构形式主要有撞击挡板式、环形回转式、离心旋转式和水浴式等。

图2-8所示为撞击挡板式油水分离器。压缩空气从入口进入，受到隔板的阻挡转而向下流动，再折返向上回升并形成环形气流，气体最后通过油水分离器的上部从出口流出。空气流动过程中，由于油分和水分的密度比空气大，在惯性力和离心力的作用下被分离析出，沉降于油水分离器的底部，定期打开阀门排出。

4. 储气罐

储气罐的作用是储存一定量的空气，调节空气压缩机输出气量与用户耗气量之间的不平衡状况，减小输出压缩空气的压力脉动，增大其压力稳定性和连续性；在空气压缩机意外停机时避免气动系统立即停机，保证安全；降低压缩空气的温度，分离压缩空气中的部分水分和油分。

储气罐一般采用圆筒状焊接结构，有立式和卧式两种。图2-9所示为立式储气罐，高度h为其内径D的2～3倍，进气口在下、出气口在上，而且应尽量使二者间距离较远，以利于分离油水杂质。

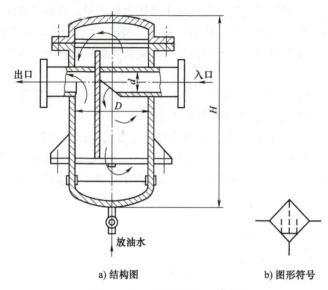

a) 结构图　　　b) 图形符号

图 2-8　撞击挡板式油水分离器

5. 分水滤气器

分水滤气器安装在气动系统的入口处,主要作用是分离压缩空气中的水分、油分和固体颗粒杂质。

图 2-10a 所示为分水滤气器的结构图和图形符号。当压缩空气从过滤器的输入口流入后,沿旋风叶子 1 强烈地旋转,气体中所含的冷凝水、油滴和固态杂质在离心力的作用下被甩到滤杯内壁上,并流到存水杯 3 底部沉积起来;然后,压缩空气流过滤芯 2,进一步清除其中颗粒较小的固态粒子,洁净的空气便从输出口输出。挡水板 4 的作用是防止已积存的冷凝水再混入气流中。定期打开手动排水阀 5,放掉积存的油、水和杂质。

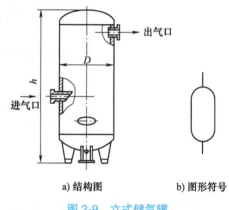

a) 结构图　　　b) 图形符号

图 2-9　立式储气罐

分水滤气器必须垂直安装,压缩空气的进出方向不能颠倒,要定期清洗或更换滤芯。

6. 油雾器

油雾器是一种特殊的润滑装置,主要作用是将润滑油雾化后混合于压缩空气中,并随其进入需要润滑的部位,如气动控制阀、气动马达和气缸等。这种润滑方法具有润滑均匀、稳定、耗油量少和不需要大的储油设备等优点。

图 2-11 所示为油雾器的结构图和图形符号。压缩空气从输入口进入油雾器后,大部分从主气道流出,一小部分通过小孔 A 经特殊单向阀 2 进入储油杯 4 上腔 C,此时特殊单向阀在压缩空气和弹簧双重作用下处于中间位置(如图 2-12 所示),使油液受压后经吸油管 7 将单向阀 6 顶起。因钢球上方有一个边长小于钢球直径的方孔,所以钢球不能封死上管道,而使油不断地进入视油器 5 内,再滴入喷嘴 1 腔内,被主气道中的气流从小孔 B 中引射出来,雾化后经输出口输出。视油器上的节流阀 9 可调节滴油量,使滴油量可在 0~200 滴/min 范围内变化。当

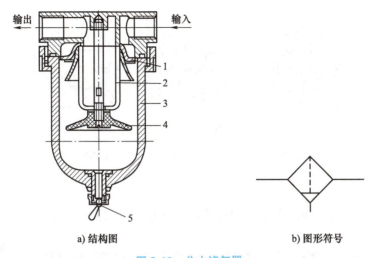

a) 结构图　　　　　　　b) 图形符号

图 2-10　分水滤气器

1—旋风叶子　2—滤芯　3—存水杯　4—挡水板　5—手动排水阀

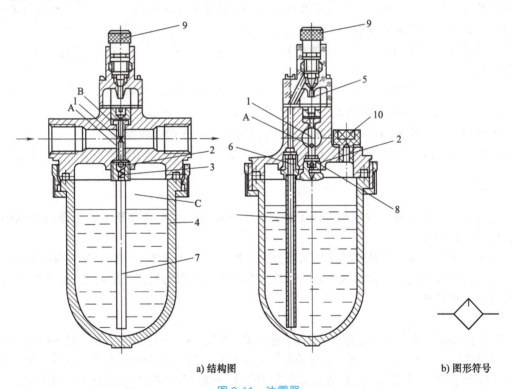

a) 结构图　　　　　　　b) 图形符号

图 2-11　油雾器

1—喷嘴　2—特殊单向阀　3—弹簧　4—储油杯　5—视油器
6—单向阀　7—吸油管　8—阀座　9—节流阀　10—油塞

旋松油塞 10 后，储油杯上腔 C 与大气相通，此时特殊单向阀 2 的背压逐渐降低，输入气体使特殊单向阀 2 关闭，从而切断了气体与上腔 C 间的通路，致使气体不能进入上腔 C 中；单向阀 6 也由于 C 腔中的压力降低处于关闭状态，气体也不会从吸油管进入 C 腔。因此，可以在不停止供应气源的情况下从油塞口给油雾器加油。

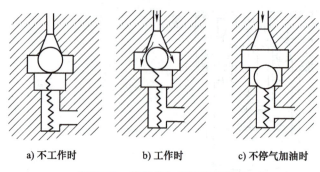

a) 不工作时　　b) 工作时　　c) 不停气加油时

图 2-12　特殊单向阀的工作情况

分水过滤器、油雾器和减压阀常组合使用，统称气动三联件，如图 2-13 所示。

7. 消声器

在气动系统中，一般不设排气管道，压缩空气经方向控制阀直接排入大气。由于阀内的气路十分复杂且又十分狭窄，压缩空气以接近声速的流速从排气口排出，空气急剧膨胀和压力变化将产生高频噪声。此时，需要用消声器来降低排气噪声。消声器的作用是消除或降低因压缩气体高速通过气动元件时产生的刺耳噪声，一般安装在气动装置的排气口位置。

图 2-13　气动三联件
1—减压阀　2—油雾器
3—分水过滤器

目前使用的消声器种类繁多，它主要是通过对气流的阻尼或增加排气面积等方法来降低排气速度、排气功率而达到降低噪声的目的。常用的消声器有吸收型消声器、膨胀干涉型消声器和膨胀干涉吸收复合型消声器三种。消声器在选用时要注意排气阻力不能太大，否则会影响控制阀切换的速度。

二、气动执行元件

气动执行元件是将压缩空气的压力能转化为机械能，主要有实现直线运动或摆动的气缸，旋转运动的气马达。

气缸的种类很多，按活塞的受压状态分为单作用气缸和双作用气缸；按结构特征分为活塞式气缸、柱塞式气缸、薄膜式气缸、叶片式摆动气缸和齿轮齿条式摆动气缸；按功能分为普通气缸和特殊气缸。

1. 单作用气缸

图 2-14 所示为单作用气缸的结构简图。在缸盖一端气口输入压缩空气使活塞杆 6 伸出（或退回），压缩弹簧 5，返回时靠弹簧、自重或其他外力等使活塞杆恢复到初始位置，在另一端缸盖上开有呼吸用的气口。单作用气缸的弹簧装在有杆腔内，气缸活塞杆初始位置处于退回的位置，这种气缸称为预缩型单作用气缸；弹簧装在无杆腔内，气缸活塞杆初始位置为伸出位置的，称为预伸型气缸。单作用气缸一般用于行程短、对输出力和运动速度均要求不高的场合。

2. 双作用气缸

图 2-15 所示为双作用气缸的结构简图。通过气缸两腔的交替进气和排气，活塞杆伸出和退回，气缸实现往复直线运动。由于活塞两侧的受压面积不等，其往复运动的速度和输出力也不相等。因为没有复位弹簧，双作用气缸可获得更长的有效行程和稳定的输出力。

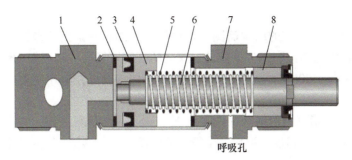

图 2-14　单作用气缸

1—后缸盖　2—橡胶缓冲垫　3—活塞密封圈　4—活塞
5—弹簧　6—活塞杆　7—前缸盖　8—导向套缸筒

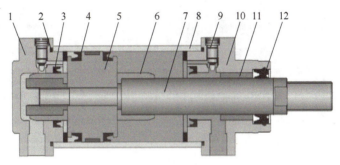

图 2-15　双作用气缸

1—后缸盖　2—密封圈　3—缓冲密封圈　4—活塞密封圈　5—活塞　6—缓冲柱塞　7—活塞杆
8—缸筒　9—缓冲节流阀　10—导向套　11—前缸盖　12—防尘密封圈

气缸缸盖上未设置缓冲装置的气缸称为无缓冲气缸，缸盖上设置缓冲装置的气缸称为缓冲气缸。缓冲装置由节流阀、缓冲柱塞和缓冲密封圈等组成。当气缸行程接近终端时，由于缓冲装置的作用，可以防止高速运动的活塞撞击缸盖的现象发生。

3. 无杆气缸

图 2-16 所示为无杆气缸的结构简图。无杆气缸没有普通气缸的刚性活塞杆，它利用活塞直接或间接实现往复运动。这种气缸最大优点是节省了安装空间，特别适用小缸径、长行程的场合。无活塞杆气缸主要有机械接触式气缸、磁性耦合气缸、绳索气缸和钢带气缸四种。前两种无杆气缸在自动化系统、气动机器人中获得了大量应用。通常，把机械耦合的无杆气缸简称为无杆气缸，磁性耦合的无杆气缸称为磁性气缸。

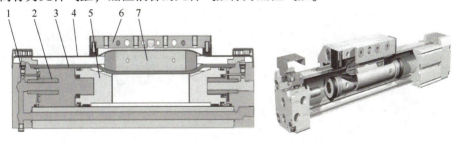

图 2-16　无杆气缸

1—节流阀　2—缓冲柱塞　3—密封带　4—防尘不锈钢带　5—活塞　6—滑块　7—管状体

4. 摆动气缸

图 2-17 所示为摆动气缸的结构简图。摆动气缸是能在一定角度范围内做往复摆动的执行元件，适用于物体的转位、工件的翻转、阀门的开闭等场合。常用摆动气缸的最大摆动角度分别为 90°、180°、270° 三种规格。摆动气缸按结构特点可分为叶片式、齿轮齿条式等。

5. 手指气缸

图 2-18 所示为手指气缸的结构简图。气抓手通过两个活塞工作，每个活塞由一个滚轮和一个双曲柄与气动手指相连，形成一个特殊的驱动单元。这样，气动手指总是轴向对心移动，每个手指不能单独移动。

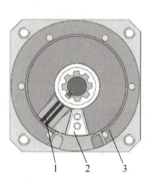

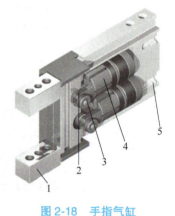

图 2-17　摆动气缸
1—叶片　2—挡块　3—定子

图 2-18　手指气缸
1—手指　2—双曲柄　3—滚轮　4—活塞　5—进气口

6. 扁平气缸

图 2-19 所示为扁平气缸的结构简图。因可调挡块装置和叶片之间是分不开的，所以作用在挡块上的冲击力可由固定挡块或自调试缓冲器吸收。为便于调整，在马达背面装有角度标尺。气缸活塞和缸筒为扁平状，可抗扭转力矩，活塞杆最大扭矩达 2N·m。铝合金缸筒结构紧凑，带行程开关安装沟槽。

7. 导向气缸

图 2-20 所示为导向气缸的结构简图。它是由一个双作用标准气缸和一个导向装置组成。为了防止安装偏差，气缸活塞杆通过联轴节与导向装置的联轴法兰板相连。气缸活塞杆运动带动导向杆、法兰盘和联轴法兰板一起运动。标准气缸缸径为 $\phi 10 \sim \phi 50$mm，行程范围为 $10 \sim 500$mm。

图 2-19　扁平气缸

图 2-20　导向气缸
1—联轴法兰板　2—导向杆

三、气动控制元件

气动控制元件是用来控制和调节压缩空气的压力、流量和流动方向的元件。根据功能的不同，气动控制元件分为压力控制阀、流量控制阀和方向控制阀。

1. 压力控制阀

压力控制阀是气动系统中调节和控制压力大小的元件，包括减压阀（调压阀）、溢流阀和顺序阀。

（1）减压阀　减压阀的作用是将气体压力调节到每台气动装置实际需要的压力，并保持该压力的稳定。

图 2-21 所示为 QTY 型直动式减压阀的结构图和减压阀图形符号。阀处于工作状态时，顺时针旋转手柄 1，向下压缩调压弹簧 2 和 3 以及膜片 5，迫使阀芯 9 下移，从而使阀口 11 被打开，压缩空气从左端输入，经阀口 11 减压后从右端输出。输出气体的一部分经阻尼孔 6 进入膜片室 12，对膜片 5 产生向上的推力，当作用在膜片 5 上的推力略大于或等于弹簧力时，阀芯 9 便保持在某一平衡位置并保持一定的开度，减压阀也得到了一个稳定的输出压力值。减压阀工作过程中，当输入压力增大时，输出压力也随之增大，膜片 5 所受到向上的推力也相应增大，使膜片 5 上移，阀芯 9 在出口气压和复位弹簧 10 的作用下也随之上移，阀口 11 开度减小，减压作用增强，输出压力下降，输出压力又基本上重新维持到原值；反之，若输入压力减小，则阀的调节过程相反，平衡后仍能保持输出压力基本不变。减压阀应安装

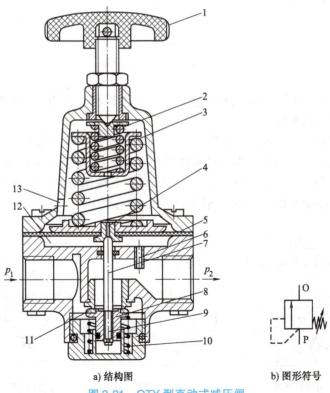

a) 结构图　　　　b) 图形符号

图 2-21　QTY 型直动式减压阀

1—手柄　2、3—调压弹簧　4—溢流孔　5—膜片　6—阻尼孔　7—阀杆
8—阀座　9—阀芯　10—复位弹簧　11—阀口　12—膜片室　13—排气口

在空气过滤器之后,油雾器之前,安装时应注意减压阀的箭头方向和气动系统的气流方向相符。调节手柄 1,可得到不同的输出压力值。调压时,应从低向高调,直到调至设定压力为止。阀不用时应将手柄 1 放松,以避免膜片 5 变形。

(2) 溢流阀　溢流阀的作用是当气动系统中的压力超过设定值时,溢流阀自动打开并排气,以降低系统压力,保证系统安全,因此,溢流阀也称安全阀。

图 2-22 所示为直动式溢流阀的工作原理和图形符号。当气动系统工作时,从 P 口流入压缩空气,当进气压力低于弹簧的调定压力 $p<p_n$ 时,阀口被阀芯关闭,如图 2-22a 所示,溢流阀不工作;而当系统压力逐渐升高并作用在阀芯上的气体压力略大于等于弹簧的调定压力 $p>p_n$ 时,阀芯被向上顶开,溢流阀阀芯开启实现溢流,如图 2-22b 所示,保持溢流阀的进气压力稳定在调定压力值上。

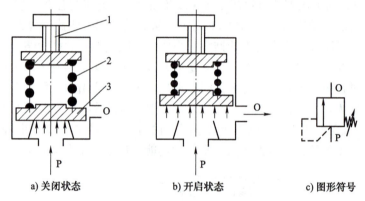

a) 关闭状态　　b) 开启状态　　c) 图形符号

图 2-22　直动式溢流阀
1—旋钮　2—弹簧　3—活塞

(3) 顺序阀　顺序阀是依靠气路中压力的大小来使阀芯启闭,从而控制系统中各个执行元件先后顺序动作的元件。

顺序阀常与单向阀组合成单向顺序阀,如图 2-23 所示。若压缩空气自 P 口进入,当作用在活塞 4 上的气体作用力大于等于调压弹簧 5 的调定值时,活塞 4 被向上顶开,气流经 A 口输出。若气流反向流动,压缩空气自 A 口流入时,气体作用力将单向阀 1 顶开,气流经 P 口流出。调节调压手柄 6 即可调节单向顺序阀的开启压力。

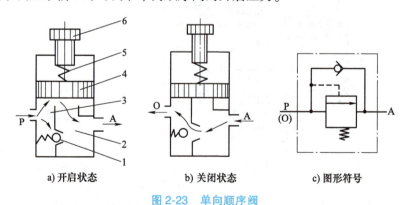

a) 开启状态　　b) 关闭状态　　c) 图形符号

图 2-23　单向顺序阀
1—单向阀　2—阀右腔　3—阀左腔　4—活塞　5—调压弹簧　6—调压手柄

2. 流量控制阀

流量控制阀是通过改变阀的流通面积来调节压缩空气的流量，从而控制执行元件的运动速度、方向控制阀的切换时间和气动信号传递速度。流量控制阀包括节流阀、单向节流阀、排气节流阀等。

（1）节流阀　图 2-24 所示为圆柱斜切型节流阀的结构原理图及图形符号。压缩空气自 P 口流入，从 A 口流出。旋转阀芯螺杆即可调节阀芯开口面积，从而改变气流流量。

（2）单向节流阀　单向节流阀由单向阀和节流阀组合而成，如图 2-25 所示。当气流从进口 P 流向出口 A 时，经节流阀的节流口 1 而受到控制，调节阀芯 4 便可改变节流口 1 的大小。若气流反向流动，从 A 口流向 P 口时，则气体压力作用力会将阀芯 4 顶开，从而直接到达 P 口流出，此时节流口 1 不再起节流调速作用。

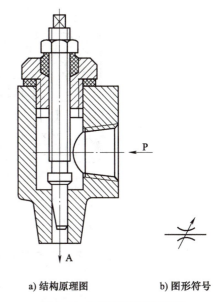

a) 结构原理图　　b) 图形符号

图 2-24　圆柱斜切型节流阀

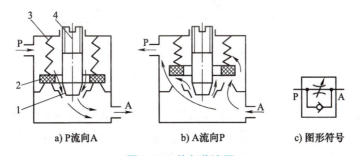

a) P 流向 A　　b) A 流向 P　　c) 图形符号

图 2-25　单向节流阀

1—节流口　2—阀盖　3—弹簧　4—阀芯

3. 方向控制阀

气动方向控制阀分为单向型方向控制阀和换向型方向控制阀。单向型方向控制阀控制气流只能沿一个方向流动，如单向阀、梭阀、双压阀和快速排气阀；换向型方向控制阀可以改变气流流动方向，简称换向阀，如气控阀、电磁阀。原理与液压方向控制阀相同的元件，本项目不作介绍。

（1）梭阀　图 2-26 所示为梭阀的结构原理图和图形符号。梭阀相当于两个单向阀的组合，当压缩空气从 P_1 口（P_2 口）进入时，阀芯被推向右（左）边，将阀口关闭，气流从 A 口流出；若 P_1 口和 P_2 口同时进气，则 A 口与压力高的阀口相通，而另一端关闭。梭阀的作用相当于逻辑或，因此又称为或门型梭阀，广泛应用于逻辑回路和程序控制回路中。

（2）双压阀　图 2-27 所示为双压阀的结构原理图和图形符号。双压阀相当于两个单向阀的组合。当仅有 P_1 口或 P_2 口单独供气时，阀芯被推向右端或左端，P_2 口或 P_1 口虽然与 A 口的通路被打开，但无气体；当 P_1 口和 P_2 口都通入气体时，A 口才会有气体流出。双压阀的作用相当于逻辑与，因此又称为与门型梭阀，广泛应用于逻辑回路和程序控制回路中。

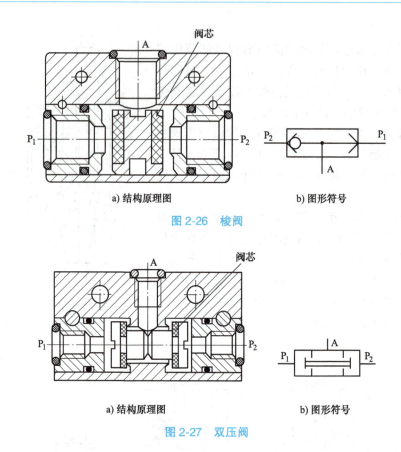

图 2-26 梭阀

图 2-27 双压阀

(3) 快速排气阀 图 2-28 所示为膜片式快速排气阀的结构原理图和图形符号。当 P 口输入压缩空气时,膜片被压下,封住 O 口,气流经膜片四周小孔流至 A 口输出;当 P 口无压缩空气输入时,在 A 口和 P 口的压力差下,膜片封住 P 口,A 口通过 O 口迅速将气体排向大气。

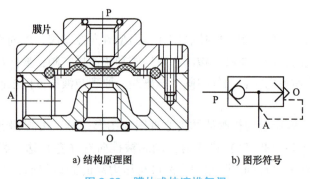

图 2-28 膜片式快速排气阀

(4) 双气控换向阀 图 2-29 所示为双气控换向阀的原理图及图形符号。当 K_1 口输入控制气体时,阀芯右移,P 口和 B 口相通,A 口和 O_1 口相通;当 K_2 口输入控制气体时,阀芯左移,P 口和 A 口相通,B 口和 O_2 口相通;当 K_1 口和 K_2 口都不通控制气体,阀芯保持前一工作状态,即双气控滑阀具有记忆功能。

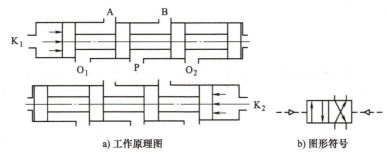

a) 工作原理图　　　　　　b) 图形符号

图 2-29　双气控换向阀

四、送料动作

如图 2-3 所示，送料动作的控制回路如下。

1. 送料

推动手柄后，阀 1 换成下位；阀 11 安装在夹紧缸起始位置，被挡块压下滚轮，处于上位工作。

控制回路如下。

进气路：气源→阀 11（上位）→阀 1（下位）→阀 3（左控口）。

排气路：阀 3（右控口）→阀 12（下位）→大气。

阀 3 换成左位工作。

主回路如下。

进气路：气源→阀 3（左位）→阀 6（单向阀）→送料缸（无杆腔）。

排气路：送料缸（有杆腔）→阀 7（节流阀）→阀 3（左位）→大气。

送料缸活塞右移，推动工件，工件送到位后，压下阀 8 滚轮，起动夹紧动作（此动作本活动中不做详细介绍，将在后续活动中讲解）。

2. 送料夹头后退

夹紧工作到位后，压下阀 12 滚轮，阀 12 换成上位；此时阀 11 滚轮被松开，阀 11 换成下位工作。

控制回路如下。

进气路：气源→阀 8（上位）→阀 12（上位）→阀 3（右控口）。

排气路：阀 3（左控口）→阀 1（下位）→阀 11（下位）→大气。

阀 3 换成右位工作。

主回路如下。

进气路：气源→阀 3（右位）→阀 7（单向阀）→送料缸（有杆腔）。

排气路：送料缸（无杆腔）→阀 6（节流阀）→阀 3（右位）→大气。

送料缸活塞左移，送料夹头后退。

3. 单往复动作回路

如果不考虑夹紧、钻孔动作，则送料动作的回路如图 2-30 所示，是一个单往复动作回路。

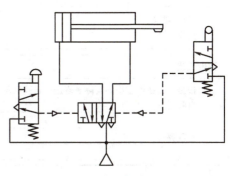

图 2-30　单往复动作回路

任务工单

任务工单 2-2 送料

姓　名		学　院		专　业	
小组成员				组　长	
指导教师		日　期		成　绩	

任务目标
完成送料机构中送料控制系统的搭建与调试。

信息收集	成绩：

1）了解气源装置及附件的应用。

2）了解气动执行元件的功能特点。

3）了解气动控制元件的工作性能。

任务实施	成绩：

1）空气压缩机、后冷却器的作用是什么？
_____

2）无杆气缸、摆动气缸的工作原理是什么？
_____
_____

3）梭阀、双压阀的工作原理是什么？
_____
_____

4）如何实现送料动作？
_____
_____
_____

成果展示及评价	成绩：

自　评		互　评		师　评	
教师建议及改进措施					

评价反馈	成绩：

根据自己在课堂中的实际表现进行自我反思和自我评价。
自我反思：_____

自我评价：_____

(续)

任务评价表

评价项目	评价标准	配分	得分
信息收集	完成信息收集	15	
任务实施	任务实施过程评价	40	
成果展示及评价	任务实施成果评价	40	
评价反馈	能对自身客观评价和发现问题	5	
总分		100	
教师评语			

任务3 送料—夹紧—钻孔

任务描述

本任务以实现气动钻床的送料—夹紧—钻孔动作为目标,学会分析气动钻床的基本回路,能够总结气动钻床气压系统的特点,了解企业传动系统的优缺点及发展趋势,能搭建和调试气动钻床的送料—夹紧—钻孔动作。培养学生分析信息、解决问题、总结归纳、调试系统的能力。

任务目标

1) 熟练方向、压力、速度控制回路的应用。
2) 能搭建和调试出气动钻床气压控制系统。
3) 了解气压传动的特点及发展趋势。

任务实施

以搭建和调试送料—夹紧—钻孔顺序动作气压系统为载体,总结方向控制回路、压力控制回路、速度控制回路的工作特点,并总结气压传动的特点。

一、方向控制回路

1. 两位阀控制的换向回路

图 2-31 所示为两位阀控制的换向回路。活塞只能停留在两个极限位置。

2. 三位阀控制的换向回路

图 2-32 所示为三位阀控制的换向回路。活塞能停留在任意位置。

二、压力控制回路

图 2-33 所示为压力控制回路。在气动系统中,一个气源要向多个设备供气,每个设备所需的工作压力不可能完全相同,通常采用减压阀来得到不同的控制压力,通过换向阀来进行压力的切换。

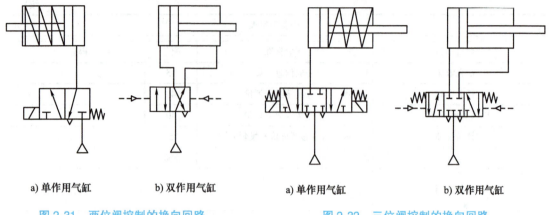

a) 单作用气缸　　b) 双作用气缸

图 2-31　两位阀控制的换向回路

a) 单作用气缸　　b) 双作用气缸

图 2-32　三位阀控制的换向回路

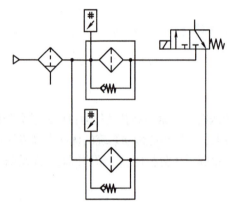

图 2-33　压力控制回路

三、速度控制回路

1. 单向节流阀控制回路

图 2-34 所示为单向节流阀控制回路。在图 2-34a 中，两个单向节流阀串联安装，分别控制单作用缸活塞双方向运动的速度。在图 2-34b 和图 2-34c 中，分别在进气路和排气路上安装单向节流阀进行速度控制，其工作特点同液压系统中的节流调速回路。

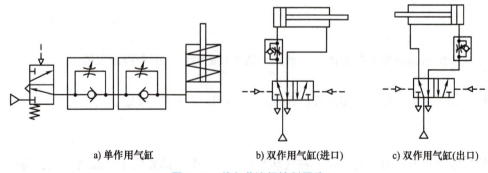

a) 单作用气缸　　b) 双作用气缸(进口)　　c) 双作用气缸(出口)

图 2-34　单向节流阀控制回路

2. 快速返回回路

图 2-35 所示为快速返回回路。活塞上移时，节流阀 2 控制气缸活塞上升的速度，活塞下降时，通过快速排气阀 3，活塞快速返回。

3. 缓冲回路

图 2-36 所示为缓冲回路。活塞右移中，压下行程阀滚轮之前，有杆腔通过行程阀排气，在压下滚轮后，行程阀切换为上位，有杆腔则通过节流阀排气，起到活塞行程末端缓冲变速的作用。改变行程阀的安装位置，即可改变缓冲的开始时刻，以达到良好的缓冲效果。

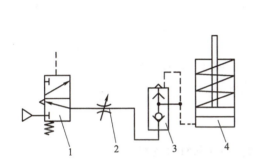

图 2-35 快速返回回路

1—换向阀　2—节流阀　3—快速排气阀　4—气缸

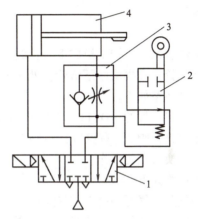

图 2-36 缓冲回路

1—换向阀　2—行程阀　3—单向节流阀　4—气缸

四、其他常用回路

1. 过载保护回路

图 2-37 所示为过载保护回路。活塞右移过程中，如果活塞杆伸出遇到障碍，使负载过大，气缸无杆腔压力升高，当超过顺序阀 2 的设定值时，顺序阀 2 打开，阀 1 换成上位，阀 3 左侧控制口排气，阀 3 换成左位，活塞杆自动缩回，实现过载保护功能。

2. 双手动作回路

图 2-38 所示为双手动作回路，只有两个按钮阀都按下按钮，气控阀 3（单气控阀）才能换向，气缸才能动作。

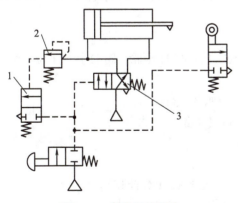

图 2-37 过载保护回路

1、3—气控换向阀　2—顺序阀

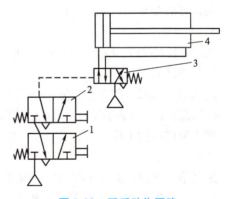

图 2-38 双手动作回路

1、2—按钮阀　3—气控阀　4—气缸

3. 延时控制回路

图 2-39 所示为延时控制回路。该回路是在换向阀的控制气路上增添气囊和节流阀，通过调节节流阀来控制气囊充满的时间长短，从而控制延时控制气控阀换向，达到延时动作的目的。

五、送料—夹紧—钻孔动作

如图 2-1 所示，送料—夹紧—钻孔动作的控制回路如下。

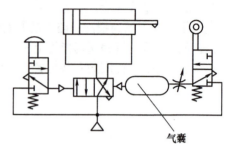

图 2-39 延时控制回路

1. 送料

推动手柄后，阀 1 换成下位；阀 11 安装在夹紧缸起始位置，被挡块压下滚轮，处于上位工作。

控制回路如下。

进气路：气源→阀 11（上位）→阀 1（下位）→阀 3（左控口）。

排气路：阀 3（右控口）→阀 12（下位）→大气。

阀 3 换成左位工作。

主回路如下。

进气路：气源→阀 3（左位）→阀 6（单向阀）→送料缸（无杆腔）。

排气路：送料缸（有杆腔）→阀 7（节流阀）→阀 3（左位）→大气。

送料缸活塞右移，推动工件右移。

2. 夹紧

工件送到指定位置后，送料缸活塞压下阀 8 的滚轮，阀 8 换成上位。

控制回路如下。

进气路：气源→阀 8（上位）→阀 4（左控口）。

排气路：阀 4（右控口）→阀 2（左位）→大气。

阀 4 换成左位工作。

主回路如下。

进气路：气源→阀 4（左位）→阀 9（单向阀）→夹紧缸（无杆腔）。

排气路：夹紧缸（有杆腔）→阀 10（节流阀）→阀 4（左位）→大气。

夹紧缸活塞右移，夹紧工件。

3. 送料夹头后退

工件夹紧到位后，压下阀 12 滚轮，阀 12 换成上位，松开阀 11 滚轮，阀 11 换成下位工作。

控制回路如下。

进气路：气源→阀 8（上位）→阀 12（上位）→阀 3（右控口）。

排气路：阀 3（左控口）→阀 1（下位）→阀 11（下位）→大气。

阀 3 换成右位工作。

主回路如下。

进气路：气源→阀 3（右位）→阀 7（单向阀）→送料缸（有杆腔）。

排气路：送料缸（无杆腔）→阀 6（节流阀）→阀 3（右位）→大气。

送料缸活塞左移，送料夹头后退。

4. 钻孔

工件夹紧到位后，压下阀12滚轮，阀12换成上位，松开阀11滚轮，阀11换成下位工作。控制回路如下。

进气路：气源→阀8（上位）→阀12（上位）→阀5（左控口）。

排气路：阀5（右控口）→阀16（下位）→大气。

阀5换成左位工作。

主回路如下。

进气路：气源→阀5（左位）→阀13（单向阀）→钻孔缸（无杆腔）。

排气路：钻孔缸（有杆腔）→阀14（节流阀）→阀5（左位）→大气。

钻孔缸活塞右移，实现钻削动作。

5. 钻头退回

钻孔动作完成后，压下阀16的滚轮，阀16换成上位，松开阀15的滚轮，阀15换成下位工作。

控制回路如下。

进气路：气源→阀16（上位）→阀2（右控口）。

排气路：阀2（左控口）→阀11（下位）→大气。

阀2换成右位工作。

进气路：气源→阀16（上位）→阀5（右控口）。

排气路：阀5（左控口）→阀12（上位）→阀8（下位）→大气。

阀5换成右位。

主回路如下。

进气路：气源→阀5（右位）→阀14（单向阀）→钻孔缸（有杆腔）。

排气路：钻孔缸（无杆腔）→阀13（节流阀）→阀5（右位）→大气。

钻孔缸活塞左移，钻头退回。

6. 松夹

钻头退回原位，压下行程阀15的滚轮，阀15换成上位，松开阀16的滚轮，阀16换成下位工作。

控制回路如下。

进气路：气源→阀15（上位）→阀2（右位）→阀4（右控口）。

排气路：阀4（左控口）→阀8（下位）→大气。

阀4换成右位工作。

主回路如下。

进气路：气源→阀4（右位）→阀10（单向阀）→夹紧缸（有杆腔）。

排气路：夹紧缸（无杆腔）→阀9（节流阀）→阀4（右位）→大气。

夹紧缸活塞左移，实现松夹。

六、气压传动的特点

1. 气压传动的优点

1）采用空气为工作介质，成本低，用后直接排入大气中，无须排气管路，处理简单，对环境污染小。

2）空气的黏度小，是液压油的万分之一，流动阻力小，便于远距离输送和集中供气。

3）工作环境要求低。在易燃、易爆、辐射、强磁、振动、冲击等恶劣的环境中，气压传动系统的工作安全可靠。

4）元件结构简单，易于加工制造，使用寿命长，可靠性高，便于实现标准化、系列化、通用化。

5）维护简单，管道不易堵塞。

2. 气压传动的缺点

1）由于空气压缩性大，因此气缸运动的稳定性较差。

2）输出力较小。

3）由于压缩空气没有润滑性，因此系统需增添润滑装置。

4）噪声大，尤其在超音速排气时，需要加装消声装置。

七、气压传动技术的应用及发展

1. 气压传动技术的应用

据相关资料显示，20世纪70年代，液压与气动元件的产值比约为9∶1，到90年代，在工业技术发达的欧美、日本等国家，该比例已达6∶4，甚至接近5∶5。近30年来，气动行业发展迅猛，主要表现在：

（1）机器人应用领域　技术机器人是现代高科技发展的结晶，在装配机器人、喷漆机器人、搬运机器人以及爬墙、焊接等机器人中都采用气动技术。

（2）自动化生产线领域　为了保证产品质量的均一性，减轻体力劳动，提高生产率，降低成本，都广泛使用气动技术。如在自行车、洗衣机、机床等行业的零件加工和组装线上，工件的搬运、转位、定位、夹紧、进给、装卸、装配等许多工序都使用气动技术。

（3）其他领域　例如，气动技术在车辆制动装置，车门开、闭装置，鱼雷、导弹的自动控制装置以及各种气动工具中都有重要的作用。

2. 气压传动技术的发展趋势

按照目前气压传动技术应用的情况及特点来看，气动技术的发展趋势如下。

（1）机电气一体化、集成化、智能化　如典型的"可编程控制器+传感器+气动元件"组成的控制系统。

（2）小型化、轻量化和低功耗化　气压元件制造中采用铝合金及塑料等新型材料，并进行等强度设计，其元件质量大为减小，如已出现质量仅为4g的低功率电磁阀，其功率只有0.5~1W。

（3）质量可靠、精度高、速度快　电磁阀的寿命达3千万次（小型阀超过2亿次）以上，气缸寿命达上万千米；定位精度达0.1~0.5mm，过滤精度达0.01μm；小型电磁阀的工作频率达到数十赫兹，气缸速度达3m/s以上。

（4）无给油化　为适应食品、医药等行业的无污染要求，加润滑脂的不供油润滑元件已经问世。

任务工单

任务工单 2-3　送料—夹紧—钻孔

姓　　名		学　　院		专　　业	
小组成员				组　　长	
指导教师		日　　期		成　　绩	

任务目标

总结送料机构的工作特点。

信息收集	成绩：

1) 了解送料传动系统的工作特点。

2) 了解气压传动系统的优缺点。

3) 了解气压传动系统的发展趋势。

任务实施	成绩：

1) 送料传动系统的基本回路有哪些？

2) 气压传动系统的优缺点是什么？

3) 气压传动系统的发展趋势是什么？

4) 搭建和调试送料机构控制系统。

成果展示及评价				成绩：	
自　评		互　评		师　评	
教师建议 及改进措施					

评价反馈	成绩：

根据自己在课堂中的实际表现进行自我反思和自我评价。

自我反思：

自我评价：

(续)

评价项目	评价标准	配分	得分
信息收集	完成信息收集	15	
任务实施	任务实施过程评价	40	
成果展示及评价	任务实施成果评价	40	
评价反馈	能对自身客观评价和发现问题	5	
总分		100	
教师评语			

任务评价表

项目检测

1. 什么是气压传动？气压传动系统有哪几部分组成？各部分的作用是什么？
2. 气压传动系统对工作介质有何要求？
3. 油雾器的工作原理是什么？用于什么场合？
4. 工业上常用的气缸有哪些类型？各自的应用场合是什么？
5. 标出图2-40所示回路中元件的名称，分析回路，说明元件的作用。

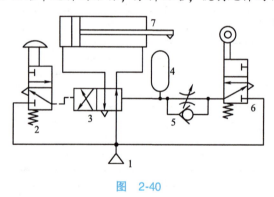

图 2-40

6. 分析图2-41所示的回路是如何实现缸1、缸2同步的。

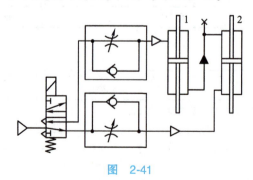

图 2-41

7. 分析图 2-42 所示的机床夹具气动夹紧系统的工作原理。

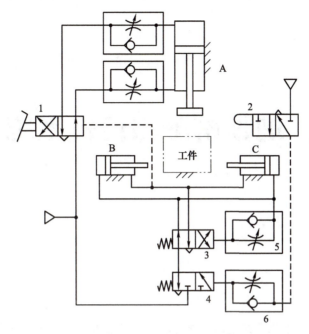

图 2-42 机床夹具气动夹紧系统
1—脚踏换向阀　2—行程阀　3、4—气控换向阀　5、6—单向节流阀

项目三

地铁屏蔽门门机系统

项目描述

随着近年来我国城市轨道交通的飞速发展,乘客乘车的安全问题一直是所有地铁建设中的重点。站台屏蔽门系统是在20世纪80年代引入并使用到地铁、轻轨等轨道交通系统中的安全机电设备。随着屏蔽门系统设备技术的日益成熟,屏蔽门系统在城市轨道交通系统及其他系统中应用的优越性愈加明显。屏蔽门系统给地铁带来了显著的节能效果和车站内良好的候车环境及空气质量。站台屏蔽门系统是应用在城市轨道交通中的一种安全装置,屏蔽门系统设置在车站站台边缘,将站台的区域和列车运动区域隔开,以防止乘客或工作人员跌落轨道而发生意外事故。列车在没有进站时,站台屏蔽门是处于关闭的状态,以此保证乘客候车的安全,防止可能发生的意外;而当列车进站后,列车车门和站台屏蔽门要求严格对准,并且要求列车车门与站台屏蔽门同时联动开启,以供乘客上下车,待乘客上下车结束后,站台屏蔽门和列车车门同步关闭。站台屏蔽门系统由门体结构、电源系统、门机系统和控制系统4部分组成,屏蔽门门体结构由手动开锁机构、固定门、应急门、闭门器、滑动门、气密材料等组成。图3-1所示为地铁屏蔽门。

图 3-1　地铁屏蔽门

控制要求

门机系统是滑动门的操作机构，安装在门体结构上面的顶箱内，主要由门控单元（DCU）、驱动装置、传动装置、锁紧装置等组成，驱动装置包括电动机、减速器等，如图 3-2 所示。

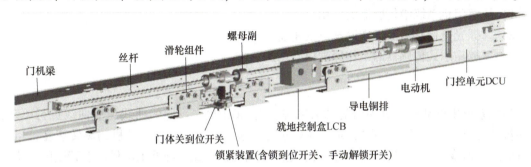

图 3-2　地铁屏蔽门的门机系统简图

1. 门控单元（DCU）

门机系统是通过电动机和传动机构驱动门体的水平移动实现屏蔽门的开和关，并将电压和电流等信息反馈给门控单元（DCU），以便控制系统判断门的运行状态。

2. 驱动装置

每侧站台的 DCU 采用总线与就地控制盘 PSL 连接，构成分布式控制网络。在 DCU 发出指令后完成驱动。

3. 传动装置

屏蔽门系统的直流无刷电动机的转轴与减速器直接连接，电动机在关门阶段一般经过加速、速度保持、减速、低速保持、制动五个阶段。

4. 锁紧装置

每道滑动门单元均有一套电磁式门锁紧装置，闸锁上装有四个开关，两个开关是锁闭监测安全开关，用以证实锁是否已经可靠闭紧锁紧，另外两个开关是应急安全开关，用以证实滑动门是否因滑动门的手动解锁装置动作而打开过。

项目目标

1) 能正确选用、检测和使用屏蔽门门机系统中的常用传感器。
2) 熟知几种电动机的工作原理、特性以及使用方法。
3) 熟知单片机的功能、指令以及初步使用。
4) 熟悉屏蔽门门机系统的工作原理并能针对设备进行维护。

任务 1　认识传感器

任务描述

本任务主要了解地铁屏蔽门门机系统中传感器的作用，进而认知并掌握门机系统中两种常见的传感器:光电传感器和霍尔式传感器的工作原理和用途。培养学生提取关键信息,总结归纳,对比分析、解决问题的能力。

任务目标

1)了解门机系统中传感器的作用。
2)掌握光电传感器的工作原理以及用途。
3)掌握霍尔式传感器的工作原理以及用途。

任务实施

门机系统中电动机是滑动门的动力来源,由 DCU 预先设定的曲线速度曲线进行驱动,电动机转动位置由传感器检测的 DCU 计算获得。通过传感器检测电动机的旋转速度,当电动机的旋转速度大于一定的速度时,减小电压输出的占空比,降低电动机的旋转速度,使电动机的实际速度能够无限接近设定的速度;当电动机的旋转速度小于预定的速度时,增大电压输出的占空比,增大电动机的旋转速度,使电动机的实际速度能够无限接近设定的速度。转速传感器包含光电传感器、霍尔式传感器等、磁电式传感器。

一、光电传感器

1. 光电传感器的概念

光电传感器是将光信号转换为电信号的一种传感器。光电元件的理论基础是光电效应。用光照射某一物体,可以看作物体受到一连串能量的光子轰击,组成该物体的材料吸收光子能量而发生相应电效应的物理现象称为光电效应。光电效应通常分为外光电效应和内光电效应。

(1)外光电效应 一束光是由一束以光速运动的粒子流组成的,这些粒子称为光子。光子具有能量,每个光子具有的能量由下式确定:

$$E = h\nu \tag{3-1}$$

式中 h——普朗克常数 = 6.626×10^{-34}(J·s);

ν——光的频率(s^{-1})。

光的波长越短,即频率越高,其光子的能量也越大;反之,光的波长越长,其光子的能量也就越小。在光线作用下,物体内的电子逸出物体表面向外发射的现象称为外光电效应。向外发射的电子叫光电子。基于外光电效应的光电器件有光电管、光电倍增管等。

物体中电子吸收的入射光子能量超过逸出功 A_0 时,电子就会逸出物体表面,产生光电子发射,超过部分的能量表现为逸出电子的动能。根据能量守恒定理有

$$h\nu = \frac{1}{2}mv_0^2 + A_0 \tag{3-2}$$

式中 m——电子质量;

v_0——电子逸出速度。

式(3-2)为爱因斯坦光电效应方程式。由该式可知:

光子能量必须超过逸出功 A_0,才能产生光电子;入射光的频谱成分不变,产生的光电

子与光强成正比；光电子逸出物体表面时具有初始动能，因此对于外光电效应器件，即使不加初始阳极电压，也会有光电流产生，为使光电流为零，必须加负的截止电压。

（2）内光电效应　在光线作用下，物体的导电性能发生变化或产生光生电动势的效应称为内光电效应。内光电效应又可分为以下两类。

1）光电导效应。在光线作用下，对于半导体材料吸收了入射光子能量，若光子能量大于或等于半导体材料的禁带宽度，就激发出电子-空穴对，使载流子浓度增加，半导体的导电性增加，电阻值减低，这种现象称为光电导效应。光敏电阻就是基于这种效应的光电器件。

2）光生伏特效应。在光线的作用下能够使物体产生一定方向的电动势的现象称为光生伏特效应。基于该效应的光电器件有光电池。

2. 光电器件

（1）光敏电阻

1）光敏电阻的结构与工作原理。光敏电阻又称光导管，它几乎都是用半导体材料制成的光电器件。光敏电阻没有极性，纯粹是一个电阻器件，使用时既可加直流电压，也可以加交流电压。无光照时，光敏电阻的电阻值（暗电阻）很大，电路中电流（暗电流）很小。当光敏电阻受到一定波长范围的光照时，它的电阻值（亮电阻）急剧减小，电路中电流迅速增大。一般希望暗电阻越大越好，亮电阻越小越好，此时光敏电阻的灵敏度高。实际光敏电阻的暗电阻值一般在兆欧量级，亮电阻值在几千欧以下。

光敏电阻的结构很简单，图3-3a为金属封装的硫化镉光敏电阻的结构图。在玻璃底板上均匀地涂上一层薄薄的半导体物质，称为光导层。半导体的两端装有金属电极，金属电极与引出线端相连接，光敏电阻就通过引出线端接入电路。为了防止周围介质的影响，在半导体光敏层上覆盖了一层漆膜，漆膜的成分应使它在光敏层最敏感的波长范围内透射率最大。为了提高灵敏度，光敏电阻的电极一般采用梳状图案，如图3-3b所示。图3-3c为光敏电阻的接线图。图3-4所示为光敏电阻的实物图。

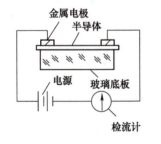 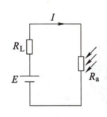 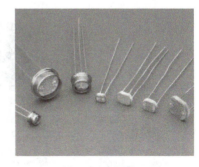

a) 光敏电阻结构　　b) 光敏电阻电极　　c) 光敏电阻接线图

图3-3　光敏电阻结构　　　　　　　　图3-4　光敏电阻

2）光敏电阻的主要参数。光敏电阻的主要参数有：

暗电阻——光敏电阻在不受光照射时的阻值称为暗电阻，此时流过的电流称为暗电流。

亮电阻——光敏电阻在受光照射时的电阻称为亮电阻，此时流过的电流称为亮电流。

光电流——亮电流与暗电流之差称为光电流。

3）光敏电阻的伏安特性。在一定照度下，流过光敏电阻的电流与光敏电阻两端的电压的关系称为光敏电阻的伏安特性。图 3-5 所示为硫化镉光敏电阻的伏安特性曲线。由图可见，光敏电阻在一定的电压范围内，其 I–U 曲线为直线。说明其阻值与入射光量有关，而与电压电流无关。在使用时，光敏电阻受到耗散功率的限制，其两端的电压不能超过最高工作电压，图中曲线为允许功耗曲线，由它可以确定光敏电阻的正常工作电压。

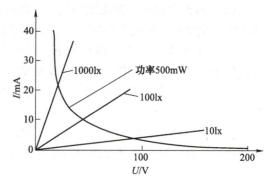

图 3-5　硫化镉光敏电阻的伏安特性

（2）光电二极管和光电晶体管　光电二极管的结构与一般二极管相似。它装在透明玻璃外壳中，其 PN 结装在管的顶部，可以直接受到光照射，如图 3-6 所示。光电二极管在电路中一般是处于反向工作状态，如图 3-7 所示，在没有光照射时，反向电阻很大，反向电流很小，这反向电流称为暗电流，当光照射在 PN 结上时，光子打在 PN 结附近，使 PN 结附近产生光生电子和光生空穴对，它们在 PN 结处的内电场作用下做定向运动，形成光电流。光的照度越大，光电流越大。因此，光电二极管在不受光照射时处于截止状态，受光照射时处于导通状态。图 3-8 所示为光电二极管的实物图。

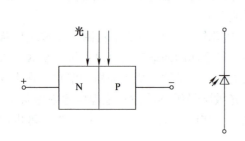

图 3-6　光电二极管结构简图和符号

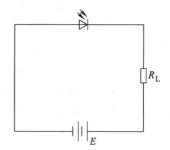

图 3-7　光电二极管接线图

图 3-8　光电二极管

光电晶体管与一般晶体管很相似，具有两个 PN 结，如图 3-9a 所示，只是它的发射极一边做得很大，以扩大光的照射面积。光电晶体管接线如图 3-9b 所示。大多数光电晶体管的基极无引出线，当集电极加上相对于发射极为正的电压而不接基极时，集电结就是反向偏压，当光照射在集电结时，就会在结附近产生电子-空穴对，光生电子被拉到集电极，基区留下空穴，使基极与发射极间的电压升高，这样便会有大量的电子流向集电极，形成输出电流，且集电极电流为光电流的 β 倍，所以光电晶体管具有放大作用。

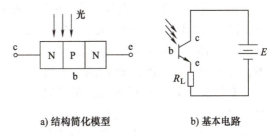

a) 结构简化模型　　b) 基本电路

图 3-9　NPN 型光电晶体管结构简图和基本电路

光电晶体管的光电灵敏度虽然比光电二极管高得多，但在需要高增益或大电流输出的场合，需采用达林顿管。图 3-10 是达林顿管的等效电路，它是一个光电晶体管和一个晶体管以共集电极连接方式构成的集成器件。由于增加了一级电流放大，所以输出电流能力大大加强，甚至可以不必经过进一步放大，便可直接驱动灵敏继电器。但由于无光照时的暗电流也增大，因此适合于开关状态的光电变换。图 3-11 所示为光电晶体管实物图。

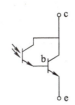

图 3-10　达林顿管的等效电路

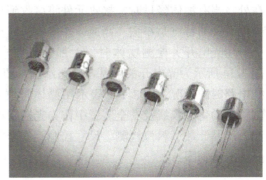

图 3-11　光电晶体管

3. 光电耦合器件

光电耦合器件是由发光元件（如发光二极管）和光电接收元件合并使用，以光作为媒介传递信号的光电器件。根据结构和用途不同，它又可分为用于实现电隔离的光电耦合器和用于检测有无物体的光电开关。

（1）光电耦合器　光电耦合器的发光元件和接收元件都封装在一个外壳内，一般有金属封装和塑料封装两种。发光器件通常采用砷化镓发光二极管，其管芯由一个 PN 结组成，随着正向电压的增大，正向电流增加，发光二极管产生的光通量也增加。光电接收元件可以是光电二极管和光电晶体管，也可以是达林顿管。图 3-12 为光电晶体管和达林顿管输出型的光电耦合器。为了保证光电耦合器有较高的灵敏度，应使发光元件和接收元件的波长相匹配。

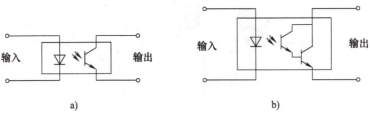

图 3-12　光电耦合器组合形式

（2）光电开关　光电开关是一种利用感光元件对变化的入射光加以接收，并进行光电转换，同时加以某种形式的放大和控制，从而获得最终的控制输出"开""关"信号的器件。

图 3-13 为典型的光电开关结构图。图 3-13a 是一种透射式的光电开关，它的发光元件和接收元件的光轴是重合的。当不透明的物体位于或经过它们之间时，会阻断光路，使接收元件接收不到来自发光元件的光，这样就起到了检测作用。图 3-13b 是一种反射式的光电开关，它的发光元件和接收元件的光轴在同一平面且以某一角度相交，交点一般即为待测物所在处。当有物体经过时，接收元件将接收到从物体表面反射的光，没有物体时则接收不到。光电开关的特点是小型、高速、非接触，而且与 TTL、MOS 等电路容易结合。

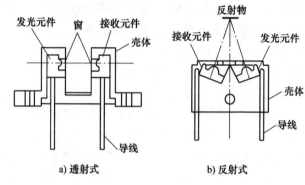

图 3-13　光电开关的结构

用光电开关检测物体时，大部分只要求其输出信号有"高—低"（1—0）之分即可。图 3-14 所示为光电开关的基本电路示例。图 3-14a、b 表示负载为 CMOS 比较器等高输入阻抗电路时的情况，图 3-14c 表示用晶体管放大光电流的情况。光电开关广泛应用于工业控制、自动化包装线及安全装置中作为光控制和光探测装置。可在自动控制系统中用作物体检测、产品计数、料位检测、尺寸控制、安全报警及计算机输入接口等。图 3-15 所示为光电开关的实物图。

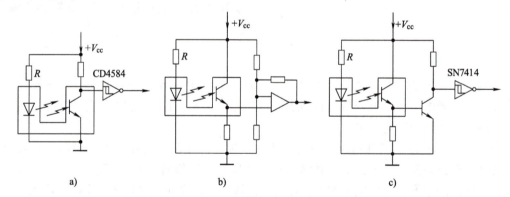

图 3-14　光电开关的基本电路

图 3-15　光电开关

4. 光电传感器的应用

（1）光电转速传感器　光电转速传感器有反射型和透射型两种。以透射型传感器为例，传感器端部有发光管和光电池，发光管发出的光源通过转盘上的孔透射到光电管上，并转换成电信号，由于转盘上有等间距的6个透射孔，转动时将获得与转速及透射孔数有关的脉冲，将电脉计数处理即可得到转速值，如图3-16所示。

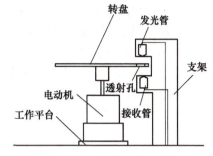

图3-16　光电转速传感器

（2）光电纬线探测器　光电纬线探测器是应用于喷气织机上，判断纬线是否断线的一种探测器。图3-17为光电纬线探测器原理电路图。

当纬线在喷气作用下前进时，红外发光管 V_D 发出的红外光，经纬线反射，由光电池接收。如光电池接收不到反射信号时，说明纬线已断。因此，利用光电池的输出信号，通过后续电路放大、脉冲整形等，能够控制机器正常运转还是关机报警。

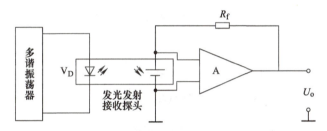

图3-17　光电纬线探测器原理电路图

由于纬线线径很细，又是摆动着前进，形成光的漫反射，削弱了反射光的强度，而且还伴有背景杂散光，因此要求纬线探测器具有高的灵敏度和分辨率。为此，红外发光管 V_D 采用占空比很小的强电流脉冲供电，这样既能保证发光管使用寿命，又能在瞬间有强光射出，以提高检测灵敏度。一般来说，光电池输出信号比较小，需经放大、脉冲整形，以提高分辨率。

二、霍尔式传感器

霍尔式传感器是利用半导体材料的霍尔效应进行测量的一种传感器。

1. 霍尔效应

置于磁场中的静止载流导体，当它的电流方向与磁场方向不一致时，载流导体上平行于电流和磁场方向上的两个面之间产生电动势，这种现象称霍尔效应。该电势称霍尔电势。

如图3-18所示，在垂直于外磁场 B 的方向上放置一导电板，导电板通以电流 I，方向如图所示。导电板中的电流是金属中自由电子在电场作用下的定向运动形成的。此时，每个电子受洛仑兹力 f_m 的作用，f_m 大小为

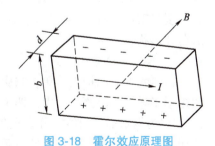

图3-18　霍尔效应原理图

$$f_m = eBv \tag{3-3}$$

式中　e——电子电荷；
　　　v——电子运动平均速度；
　　　B——磁场的磁感应强度。

f_m 的方向是向上的，此时电子除了沿电流反方向做定向运动，还在 f_m 的作用下向上漂移，结果使金属导电板上底面积累电子，而下底面积累正电荷，从而形成了附加内电场 E_H，称为霍尔电场，该电场强度为

$$E_H = \frac{U_H}{b} \tag{3-4}$$

式中，U_H 为电位差。霍尔电场的出现，使定向运动的电子除了受洛仑兹力作用，还受到霍尔电场的作用力，其大小为 eE_H，此力阻止电荷继续积累。随着上、下底面积累电荷的增加，霍尔电场增加，电子受到的电场力也增加，当电子所受洛仑兹力与霍尔电场作用力大小相等、方向相反时，即

$$eE_H = evB \tag{3-5}$$

则

$$E_H = vB \tag{3-6}$$

此时电荷不再向两底面积累，达到平衡状态。

若金属导电板单位体积内电子数为 n，电子定向运动平均速度为 v，$v = \dfrac{I}{bdne}$，则

$$E_H = \frac{IB}{bdne} \tag{3-7}$$

所以

$$U_H = \frac{IB}{ned} \tag{3-8}$$

式中，令 $R_H = 1/(ne)$，称之为霍尔常数，其大小取决于导体载流子密度，则

$$U_H = R_H \frac{IB}{d} = K_H IB \tag{3-9}$$

式中，$K_H = R_H/d$ 称为霍尔片的灵敏度。可见，霍尔电势正比于激励电流及磁感应强度，其灵敏度与霍尔常数 R_H 成正比，而与霍尔片厚度 d 成反比。为了提高灵敏度，霍尔元件常制成薄片形状。

2. 霍尔元件基本结构

霍尔元件的结构很简单，它由霍尔片、引线和壳体组成，如图3-19所示。霍尔片是一块矩形半导体单晶薄片，引出四个引线。1、1'两根引线加激励电压或电流，称为激励电极；2、2'线为霍尔输出引线，称为霍尔电极。霍尔元件壳体由非导磁金属、陶瓷或环氧树脂封装而成。在电路中，霍尔元件可用两种符号表示，如图3-19c所示。

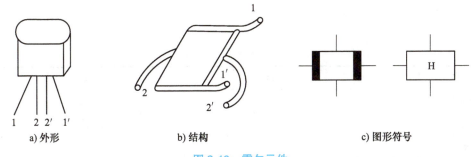

图 3-19 霍尔元件

3. 霍尔式传感器的应用

(1) 霍尔式微位移传感器　霍尔元件具有结构简单、体积小、动态特性好和寿命长的优点，它不仅用于磁感应强度、有功功率及电能参数的测量，也在位移测量中得到广泛应用。

图 3-20 给出了一些霍尔式位移传感器的工作原理图。图 3-20a 是磁场强度相同的两块永久磁铁，同极性相对地放置，霍尔元件处在两块磁铁的中间。由于磁铁中间的磁感应强度 $B=0$，因此霍尔元件输出的霍尔电势 U_H 也等于零，此时位移 $\Delta x=0$。若霍尔元件在两磁铁中产生相对位移，霍尔元件感受到的磁感应强度也随之改变，这时 U_H 不为零，其量值大小反映出霍尔元件与磁铁之间相对位置的变化量。这种结构的传感器，其动态范围可达 5mm，分辨率为 0.001mm。

图 3-20b 所示是一种结构简单的霍尔式位移传感器，它由一块永久磁铁组成磁路，在 $\Delta x=0$ 时，霍尔电压不等于零。

图 3-20c 是一个由两个结构相同的磁路组成的霍尔式位移传感器。霍尔元件调整好初始位置时，可以使霍尔电压 $U_H=0$。这种传感器灵敏度很高，但它所能检测的位移量较小，适合于微位移量及振动的测量。

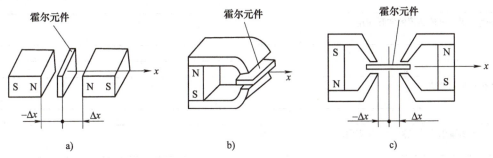

图 3-20 霍尔式位移传感器工作原理图

(2) 霍尔式转速传感器　图 3-21 是几种不同结构的霍尔式转速传感器。磁性转盘的输入轴与被测转轴相连，当被测转轴转动时，磁性转盘随之转动，固定在磁性转盘附近的霍尔式传感器便可在每一个小磁铁通过时产生一个相应的脉冲，检测出单位时间的脉冲数，便可知被测转速。磁性转盘上小磁铁数目的多少决定了传感器测量转速的分辨率。

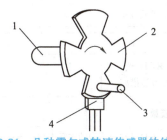

图 3-21 几种霍尔式转速传感器的结构
1—输入轴　2—转盘　3—小磁铁　4—霍尔式传感器

任务工单

任务工单 3-1　地铁屏蔽门门机系统中的传感器

姓　　名		学　院		专　业	
小组成员				组　长	
指导教师		日　期		成　绩	

任务目标

完成对地铁屏蔽门系统中两种传感器：光电传感器和霍尔式传感器的认知。

信息收集	成绩：

1）了解地铁屏蔽门门机系统中传感器的作用。

2）认知光电传感器的工作原理和用途。

3）认知霍尔式传感器的工作原理和用途。

任务实施	成绩：

1）屏蔽门门机系统中传感器发挥什么作用？

_____
_____

2）什么是光电效应？

_____
_____

3）常见的光电元件有哪些？

_____
_____

4）举例说明光电传感器的实际应用。

_____
_____

5）什么是霍尔效应？

_____
_____

6）举例说明霍尔式传感器的实际应用。

_____
_____

成果展示及评价				成绩：	
自　评		互　评		师　评	
教师建议 及改进措施					

评价反馈	成绩：

根据自己在课堂中的实际表现进行自我反思和自我评价。
自我反思：_____
自我评价：_____

(续)

任务评价表

评价项目	评价标准	配分	得分
信息收集	完成信息收集	15	
任务实施	任务实施过程评价	40	
成果展示及评价	任务实施成果评价	40	
评价反馈	能对自身客观评价和发现问题	5	
总分		100	
教师评语			

任务 2　认识电动机

任务描述

本任务主要学习直流无刷电动机的工作原理和控制方式，目的是使学生掌握地铁屏蔽门门机系统中直流无刷电动机的控制原理和维护方法。培养学生提取关键信息，总结归纳，发现问题、解决问题的能力。

任务目标

1）理解直流无刷电动机的工作原理。
2）了解直流无刷电动机的控制方式。
3）掌握地铁屏蔽门门机系统中直流无刷电动机的控制原理。
4）掌握地铁屏蔽门门机系统中直流无刷电动机的维护方法。

任务实施

电动机依照供电电源不同可分为直流电动机和交流电动机。屏蔽门门机控制系统中的电动机采用的是高性能直流无刷电动机，其调速性能和输出转矩均可满足门扇运行曲线和动力曲线的要求。

一、直流无刷电动机

一个多世纪以来，电动机作为机电能量转换装置，其应用范围已遍及国民经济的各个领域以及人们的日常生活中，其主要类型有同步电动机、异步电动机和直流电动机三种。由于传统的直流电动机均采用电刷以机械方法进行换向，因而存在相对的机械摩擦，由此带来了噪声、火花、无线电干扰以及寿命短等缺点。

针对上述传统直流电动机的弊病，早在20世纪30年代就有人开始研制以电子换向代替电刷机械换向的直流无刷电动机。经过了几十年的努力，直至20世纪60年代初终于实现了这一愿望。20 世纪 70 年代以来，随着电力电子工业的飞速发展，许多高性能半导体功率器件，如 GTR、MOSFET、IGBT、IPM 等的相继出现，以及高性能永磁材料的问世，均为直流无刷电动机的广泛应用奠定了坚实的基础。

由于直流无刷电动机既具有交流电动机的结构简单、运行可靠、维护方便等一系列优点，又具备直流电动机的运行效率高、无励磁损耗以及调速性能好等诸多优点，因此在当今国民经济的各领域应用日益广泛。

直流无刷永磁电动机主要由电动机本体、位置传感器和电子开关线路三部分组成。其定子绕组一般制成多相（三相、四相、五相不等），转子由永久磁钢按一定极（$2p = 2, 4, \cdots$）组成。图 3-22 所示为三相两极直流无刷电动机的结构。

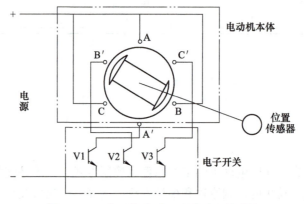

图 3-22　三相两极直流无刷电动机的结构

三相定子绕组分别与电子开关线路中相应的功率开关器件联结，A、B、C 相绕组分别与功率晶体管 V1、V2、V3 相接。传感器的跟踪转子与电动机转轴相联结。当定子绕组的某一相通电时，该电流与转子永久磁钢的磁极所产生的磁场相互作用而产生转矩，驱动转子旋转，再由传感器将转子磁钢位置变换成电信号，去控制电子开关线路，从而使定子各项绕组按一定次序导通，定子相电流随转子位置的变化而按一定的次序换相，因而起到了机械换向器的换向作用。

图 3-23 为三相直流无刷电动机半控桥电路原理图。此处采用光电器件作为传感器，以三只功率晶体管 V1、V2 和 V3 构成功率逻辑单元。

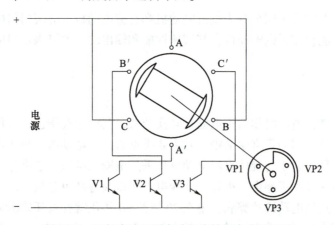

图 3-23　三相直流无刷电动机半控桥电路原理图

三只光电器件 VP1、VP2 和 VP3 的安装位置各相差 120°，均匀分布在电动机一端。借助安装在电动机轴上的旋转遮光板的作用，使从光源射来的光线一次照射在各个光电器件上，并依照某一光电器件是否被照射到光线来判断转子磁极的位置。

图 3-23 所示的转子位置和图 3-24a 所示的位置相对应。由于此时光电器件 VP1 被光照射，从而使功率晶体 V1 呈导通状态，电流流入绕组 A-A'，该绕组电流同转子磁极作用后所产生的转矩使转子的磁极按图中箭头方向转动。当转子磁极转到图 3-24b 所示的位置时，直接装在转子轴上的旋转遮光板也跟着同步转动，并遮住 VP1 而使 VP2 受光照射，从而使晶体管 V1 截止，晶体管 V2 导通，电流从绕组 A-A'断开而流入绕组 B-B'，使得转子磁极继续朝箭头方向转动。当转子磁极转到图 3-24c 所示的位置时，此时旋转遮光板已经遮住 VP2，使 VP3 被光照射，导致晶体管 V2 截止，晶体管 V3 导通，因而电流流入绕组 C-C'，于是驱动转子磁极继续朝顺时针方向旋转并回到图 3-24a 的位置。

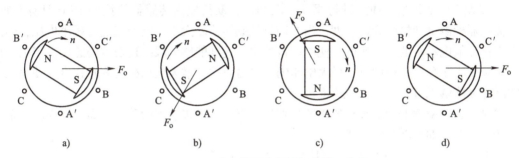

图 3-24 开关顺序及定子磁场旋转示意图

这样，随着传感器转子扇形片的转动，定子绕组在传感器 VP1、VP2、VP3 的控制下，便一相一相地依次馈电，实现了各相绕组电流的换相。在换相过程中，定子各相绕组在工作气隙内所形成的旋转磁场是跳跃式的。这种旋转磁场在 360°电角度范围内有三种磁状态，每种磁状态持续 120°电角度。各相绕组电流与电动机转子磁场的相互关系如图 3-24 所示。图 3-24a 为第一种状态，F_o 为绕组 A-A'通电后所产生的磁动势。显然，绕组电流与转子磁场的相互作用，使转子沿顺时针方向旋转；转过 120°电角度后，便进入第二状态，这时绕组 A-A'断电，而 B-B'随之通电，即定子绕组所产生的磁场转过了 120°电角度，如图 3-24b 所示，电动机定子继续沿顺时针方向旋转；再转 120°电角度，便进入第三状态，这时绕组 B-B'断电，C-C'通电，定子绕组所产生的磁场又转过了 120°电角度，如图 3-24c 所示；它继续驱动转子沿顺时针方向转过 120°电角度后就恢复到初始状态。图 3-25 示出了各相绕组的导通示意图。

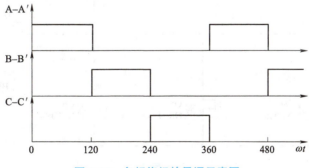

图 3-25 各相绕组的导通示意图

传感器在直流无刷电动机中起着测定转子磁极的作用，为逻辑开关电路提供正确的换相信息，即将转子磁钢磁极的位置信号转换成电信号，然后去控制定子绕组换相。传感器种类较多，且各具特点。在直流无刷电动机中常见的传感器有以下几种：霍尔式传感器、光电传感器、磁敏式接近传感器。

二、系统控制原理与维护

1. 电动机

门机控制系统中的电动机采用高性能直流无刷电动机，由门机控制器控制的工作方式，电动机调速性能和输出转矩均应满足门扇运行曲线和动力曲线的要求。

2. 电动机驱动与维护

（1）电动机驱动　前面介绍传感器的时候提到过：电动机是滑动门的动力来源，由 DCU 预先设定的曲线速度曲线进行驱动。电动机转动位置由传感器检测的 DCU 计算获得。通过传感器检测电动机的旋转速度，当电动机的旋转速度大于一定的速度时减小电压，输出的占空比降低电动机的旋转速度，使电动机的实际速度能够无限接近设定的速度；当电动机的旋转速度小于预定的速度时，增大电压输出的占空比，增大电动机的旋转速度，使电动机的实际速度能够无限接近设定的速度。

同时，通过检测电动机转动的周期和相位，可计算出传动带的移动距离，从而获得电动机的转动位置，即滑动门的位置。

DCU 通过检测电动机的电流，可以用于检测障碍物，以及电流控制。当开门或关门阻力大于门体夹紧阈值时，电流值达到设定阈值，DCU 停止驱动电动机运转，此反应为滑动门运动过程中遇到障碍物。

一种典型三相电动机驱动器（直流无刷电动机驱动器）如图 3-26 所示。

直流无刷电动机转动原理如图 3-27 所示，微控制器生成 PWM 信号，驱动上下桥臂共六个 IGBT 管，对应的 IGBT 管导通，实现电动机正转或反转动作。

图 3-26　直流无刷电动机驱动器

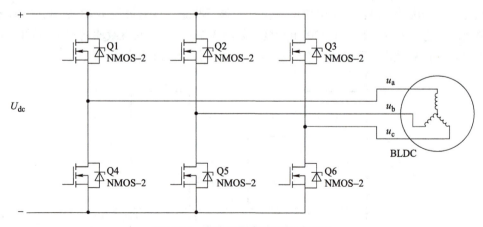

图 3-27　直流无刷电动机转动原理

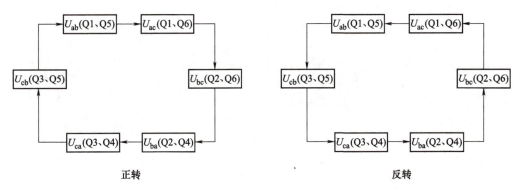

图 3-27　直流无刷电动机转动原理（续）

（2）电动机维护

1）电动机检查步骤如图 3-28 所示。

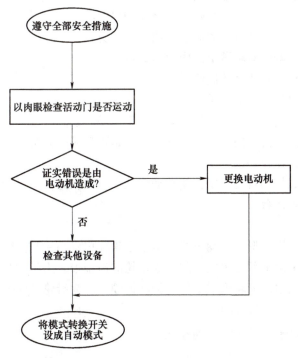

图 3-28　电动机检查步骤图

2）更换电动机，如图 3-29 所示。
步骤如下：
①用模式转换开关的专用钥匙将模式转换开关打到隔离位置，使滑动门处于隔离状态。
②操作者站在置于站台侧的人字梯或工作台上。
③用顶箱的专用钥匙解开顶箱的压紧锁并打开维修盖板。
④关闭本屏蔽门单元的供电开关。
⑤拆除电动机电源线及控制线。

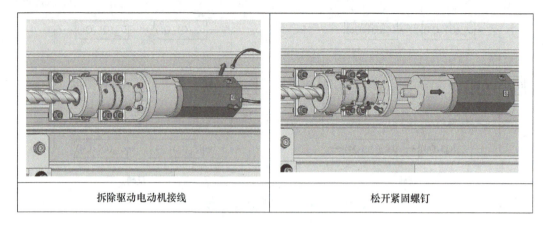

| 拆除驱动电动机接线 | 松开紧固螺钉 |

图 3-29　更换电动机步骤

⑥松开靠近电动机侧的联轴器上的内六角螺钉。
⑦松脱安装电动机的四个内六角螺钉并将电动机拆除。
⑧在同一位置安装新电动机并紧固四个内六角螺钉。
⑨拧紧靠近电动机侧的联轴器上的内六角螺钉。
⑩重新插上电动机电源线及控制线。
⑪打开本屏蔽门单元的供电开关。
⑫将模式转换开关到手动位置，使滑动门处于手动状态。
⑬操作调试开关开关滑动门，检查滑动门运行是否顺畅并无杂声。
⑭关闭顶箱的维修盖板并锁紧。
⑮将模式转换开关打到自动位置，使滑动门处于自动状态。
⑯移走人字梯或工作台。

3. 传动装置

屏蔽门门机系统采用齿形带传动方式，由单个直流电动机-减速器组合驱动，整个传动装置安装在顶箱内，由以下部分组成：配有驱动轮的齿型带、用于调节传动带松紧度的反向滑轮、用于拖动滑动门扇的滚轮拖板组件、传动带锁扣、为滑轮导向的导轨和闭锁单元。屏蔽门传动装置示意图如图 3-30 所示。

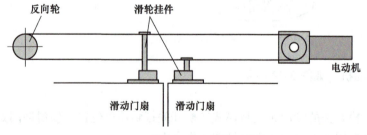

图 3-30　屏蔽门传动装置示意图

电动机在门机控制器的指令下，通过减速机"驱动轮—传动带—反向轮"进行循环运动；连接在传动带上的挂件，通过滚轮拖板组件带动其吊挂的滑动门进行来回运动，从而实现滑动门的开关动作。反向轮侧设置了张紧调整装置，便于定期进行传动带松紧调整维护；

传动带挂件可左右任意调节位置,方便左右滑动门吊挂位置的校准。

传动装置必须是单电动机同轴驱动(边门可特殊处理,但必须保证两扇门运行同步),可以是同步带传动,也可以是滚珠螺杆传动。同步带传动多用于屏蔽门和全高安全门,滚珠螺杆传动多用于半高安全门。

同步带传动装置如图 3-31 所示。同步带传动装置可靠性高,更换成本低,安装容易,维护率低,具有自校准调节功能。其特点如下:

1)采用重载荷同步带,正向啮合驱动,保证两门扇运动同步、稳定。

2)传动带张紧力可调节,且为耐磨、阻燃、低烟、无毒材料;满足运行 12 个月检测一次张紧力的质量要求。

3)所有传动带张紧装置和带轮与同步带的齿形相匹配。滑动门门体与传动带间采用刚性连接,在整个运行过程中,传动带不得发生打滑或折弯等不正常工作状况。

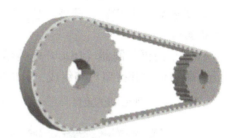

图 3-31 同步带传动装置

4)带传动的所有转轮使用滚动轴承,轴承的寿命要求不小于 10 万 h。

同步带传动装置对应的运行承载部件如图 3-32 所示,其特点是采用密封球轴承,设计有安全反向滚子,具有全方位调节功能。

门机系统中的另外一种传动方式是螺杆传动,如图 3-33 所示,对其要求如下:

1)螺母与螺杆要有良好的润滑条件,润滑油应为防火型。

2)螺杆和螺母采用非自锁螺纹,螺旋副配有预紧及间隙调整装置。

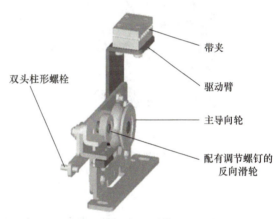

图 3-32 运行承载部件

3)滚珠螺杆传动中的滚动轴承,要求能够承受双向轴向力和径向力,实际使用寿命不低于 30 年。

图 3-33 屏蔽门门机的螺杆传动

4. 门机控制器（DCU）

门机控制器（Door Control Unit，DCU）是滑动门电动机的控制装置。屏蔽门和全高安全门每对滑动门单元配置一个门机控制器，安装在顶箱内，由 1 个 DCU 控制 1 个电动机，带动两扇滑动门进行开关运动。半高安全门每对滑动门单元配置一个门机控制器，安装在固定侧盒中，由 1 个 DCU 控制两个电动机，带动左右两扇滑动门进行开关运动。

DCU 采用整体快速更换单元设计，结构精简且密封，接口简单，安装方便。防尘防水等级要求不小于 IP54，即该产品能防止有害粉尘的堆积及液体由任何方向泼到外壳时均无有害影响。

(1) 门机控制器（DCU）电路结构　门机控制器的内部电路由集成微控制器的逻辑单元、驱动单元和接口电路组成，其电路内部硬件布局如图 3-34 所示。

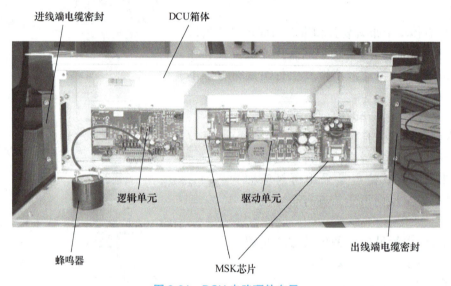

图 3-34　DCU 电路硬件布局

(2) 门机控制器（DCU）功能　门机控制器（DCU）执行系统级和站台级等发来的控制命令，能够接收信号系统、IBP、PSL 各控制点发来的开/关门控制命令，控制门的运动，并采集和发送门状态信息及各种故障信息。

(3) 门机控制器（DCU）控制原理

1) PEDC-DCU 接口信号。控制器（PSC）与门机控制器（DCU）之间的信号连接示意图如图 3-35 所示。

与 DCU 连接的开门继电器和门使能继电器的励磁构成了开门命令电路。PSC 与继电组以硬线的方式连接，向滑动门提供开关门命令及采集站台滑动门的锁闭信号。目前对滑动门的开关命令的发出都是使用硬线的方式，而不直接使用总线控制，主要是考虑到安全性、稳定性，相对来讲硬线比总线更为可靠。滑动门 DCU 通过 CAN 总线将每个滑动门、应急门、端门的状态上传给 PSC，PSC 把信息处理后，上传给监控系统。

2) 开门信号、允许信号。DCU PSC/IBP/PSL DCU PSC/IBP/PSL 开门命令由关键（或称安全）和非关键（或称非安全）两个信号组成，其中关键信号部分从 RATO 发出，通过安全回路继电器传递给 DCU，使得门使能继电器励磁。非关键信号从 RATO 发出，该命令

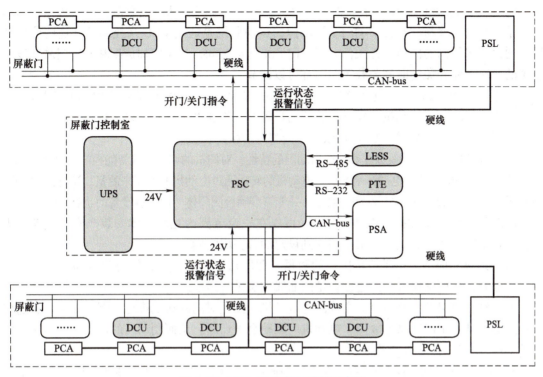

图 3-35　PSC-DCU 接口信号示意图

发出后通过安全回路继电器，传递给 DCU，使得开门安全继电器励磁。开门全过程非关键信号一直持续，当设定时间到达时，RATO 发出关门信号，即非关键信号消失，DCU 驱动电动机关门。

门允许硬线：一条关键的 AC50V 线路与站台每个对称门的 DCU 串联，从而控制所有对称门。

开门硬线：一条非关键的 AC50V 线路与站台的所有 DCU 串联。此处电压为多种设计数据，有 AC110V、AC50V、DC110V、DC24V 等，视设备厂家而定。

允许信号：从 PEDC 主板或 IBP/PSL 控制继电器发给 DCU 的双切关键信号。

开门信号：与所有 DCU 相串联的非关键 50V 交流信号。

允许信号、开门信号对门的控制逻辑见表 3-1。

表 3-1　允许信号、开门信号对门的控制逻辑

允许	开门	屏蔽门控制
0	X	门不动作
1	0	关门
1	1	开门

3）滑动门、应急门、端门活动门关闭锁紧信号。所有 ASD/EED/MSD 与信号系统（SIG）串联的关键线路信号由一条四线双切的"ASD/EED/端门活动门关闭且锁紧"线路提供给该信号。该线路与每个滑动门及应急门串联。当所有的滑动门和应急门关闭且锁定时，该线路接通，信号系统提供屏蔽门系统电压。

4) 门运动曲线的控制。DCU 能够储存多组开关滑动门运动曲线数据，每组数据都适用于车站所有的对称与非对称滑动门。滑动门的运动曲线是通过 DCU 来控制的。这些曲线数据是通过选取不同的门速、开关门时间、门开始起动时间、开关门加速度和开关门减速度来设置的，这样使开关门时间与开关门力都可以调节。

DCU 通过读取指定的运动曲线数据，内部的单片机提供 PWM 信号给内部电源晶体管，其电源输出驱动直流电动机。电动机装置内设置有一组速度传感器，可以将门运动数据的位置反馈至 DCU，通过计算，DCU 可以实时检测电动机的位置。

DCU 能根据指定的曲线数据和各个滑动门的特性，对门机的调节实施智能控制。电动机加速度通过监测电动机后端的电动势来测量；电动机的转矩通过电动机的电流来测量。这样通过 DCU 来保证各个滑动门开闭的同步性和一致性，并能够准确检测门体、门锁等设备的状态信息。

DCU 通过动态检测控制电动机运动，可以在一定范围内克服门体安装产生的滑动阻力偏差，自动修正速度曲线，使滑动门达到设定的开关门时间。

DCU 通过实时检测电动机传感器的数据来跟踪滑动门的位置，同时对电动机的反馈信息进行监测，从而确保滑动门遵循设定的曲线准确进行运动。

电动机过速保护电路通过独立线路与电动机连接，对门的速度进行检测。如果门速过快或者门运动过程中出现供电故障，电动机的驱动会被切断，从而制动门的运动。门的超速中断运动信息 DCU 会传给 PSC。

5) 关键数据调整与监测。对于关键的检测数据，DCU 通过现场总线实时传递给 PEDC。控制与监视系统主机能够存储相关操作历史记录和故障数据。

对于重要的 DCU 控制参数，包括开门时间、关门时间、开/关门障碍次数、重关门延迟时间等数据，可以通过以下方法进行调整：①通过 PTE 接口连接便携式计算机进行修改、调整；②通过 DCU 内部设置的编程调试/诊断接口进行在线或离线调整参数和升级软件；③通过 PEDC 对 DCU 进行软件升级。

6) 手动解锁装置的监控。滑动门的手动解锁装置安装在每个滑动门的外侧边缘，可通过手柄（图 3-36）和钥匙来驱动机械轴从而推动门锁解锁，切断关键的门关闭且锁紧状态回路。DCU 监视手动解锁装置的操作，此时它断开允许信号继电器，使滑动门减速并可以自由转动。因此，乘客可以通过施加在门扇的水平力将门扇打开。滑动门在手动解锁操作完成后 15s（可调），DCU 自动驱使电动机恢复供电，在不需要工作人员参与的情况下，滑动门自动关闭锁紧，从而使屏蔽门系统处于安全状态。

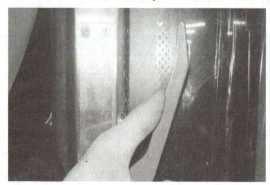

图 3-36　屏蔽门手动解锁操作

任务工单

任务工单 3-2　地铁屏蔽门门机系统中的电动机

姓　名		学　院		专　业	
小组成员				组　长	
指导教师		日　期		成　绩	

任务目标

学习直流无刷电动机的工作原理和控制方式,使学生掌握地铁屏蔽门门机系统中直流无刷电动机的控制原理和维护方法。

信息收集	成绩:

1）理解直流无刷电动机的工作原理。

2）了解直流无刷电动机的控制方式。

3）掌握地铁屏蔽门门机系统中直流无刷电动机的控制原理。

4）掌握地铁屏蔽门门机系统中直流无刷电动机的维护方法。

任务实施	成绩:

1）请阐述直流无刷电动机的工作原理。

2）请指出实训系统中屏蔽门门机系统中电动机的型号,并写出此型号电动机的优点。

3）地铁屏蔽门门机系统由哪几部分组成?

4）地铁屏蔽门门机系统中的电动机检修需要经过哪些步骤?

5）地铁屏蔽门门机系统中的电动机更换需要经过哪些步骤?

成果展示及评价				成绩:	
自　评		互　评		师　评	
教师建议及改进措施					

(续)

评价反馈	成绩：		
根据自己在课堂中的实际表现进行自我反思和自我评价。 自我反思：_____ 自我评价：_____			

<table>
<tr><td colspan="4" align="center">任务评价表</td></tr>
<tr><td>评价项目</td><td>评价标准</td><td>配分</td><td>得分</td></tr>
<tr><td>信息收集</td><td>完成信息收集</td><td>15</td><td></td></tr>
<tr><td>任务实施</td><td>任务实施过程评价</td><td>40</td><td></td></tr>
<tr><td>成果展示及评价</td><td>任务实施成果评价</td><td>40</td><td></td></tr>
<tr><td>评价反馈</td><td>能对自身客观评价和发现问题</td><td>5</td><td></td></tr>
<tr><td colspan="2" align="center">总分</td><td>100</td><td></td></tr>
<tr><td>教师评语</td><td colspan="3"></td></tr>
</table>

▶ 任务3　锁紧与解锁装置

任务描述

本任务主要学习常用行程开关的选择使用、地铁屏蔽门门机系统中的锁紧装置等，目的是使学生掌握地铁屏蔽门门机系统中锁紧装置的工作原理和维护方法。培养学生提取关键信息，总结归纳，发现问题、解决问题的能力。

任务目标

1）了解几种常见行程开关的工作原理。
2）能正确选择和使用行程开关。
3）理解地铁屏蔽门门机系统中锁紧装置的工作原理。
4）掌握地铁屏蔽门门机系统中锁紧装置的维护方法。

任务实施

屏蔽门系统滑动门锁紧及解锁装置即门锁，包括机械部分和电子部分。机械部分保证滑动门运行至锁定位置后能够锁定，电子部分保证能够通过行程开关将滑动门的状态反馈到每个门单元的门机控制器（DCU）。

一、行程开关

行程开关又叫限位开关，它的种类很多，按运动形式可分为直动式、微动式、转动式等；按触点的性质可为有触点式和无触点式。

1. 有触点行程开关

有触点行程开关的工作原理和按钮相同，不同的是行程开关触点动作不靠手工操作，而是利用机械运动部件的碰撞使触头动作,从而将机械信号转换为电信号,再通过其他电器间接控制机床运动部件的行程、运动方向或进行限位保护等,其结构形式多种多样。

图 3-37 所示为几种典型操作类型的行程开关动作原理示意图及图形文字符号。图 3-38 所示为部分行程开关外形。

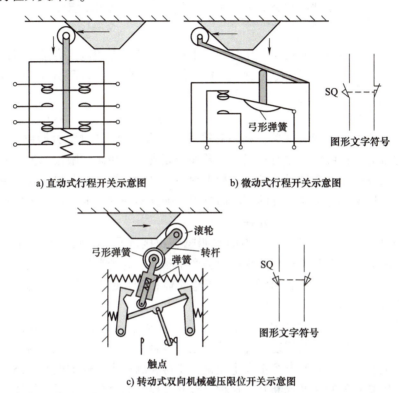

图 3-37 行程开关结构示意图及图形符号

图 3-38 部分行程开关外形

国家标准中关于行程开关型号的表示方法规定如下：

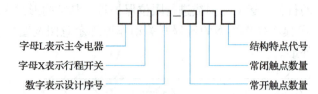

行程开关的主要参数有型式、动作行程、工作电压及触点的电流容量。目前国内生产的行程开关有 LXK3、3SE3、LX19、LXW 和 LX 等系列。常用的行程开关有 LX19、LXW5、LXK3、LX32 和 LX33 等系列。

2. 无触点行程开关

无触点行程开关又称接近开关，利用对接近物件有"感知"能力的传感元件达到控制开关通或断的目的。它可以代替有触点行程开关来完成行程控制和限位保护，还可用于高频计数、测速、液位控制、零件尺寸检测、加工程序的自动衔接等的非接触式开关。

接近开关按检测元件工作原理的不同而有很多种，不同型式的接近开关所检测的被检测物也不同。常见的接近开关有以下几种。

(1) 涡流式接近开关　这种开关有时也叫电感式接近开关。它是利用导电物体在接近这个能产生电磁场的接近开关时，使物体内部产生涡流。这个涡流反作用到接近开关，使开关内部电路参数发生变化，从而识别出有无导电物体移近，进而控制开关的通或断，这种接近开关所能检测的物体必须是导电体。

(2) 电容式接近开关　这种开关的测量通常是构成电容器的一个极板，而另一个极板是开关的外壳。当有物体移向接近开关时，不论它是否为导体，由于它的接近，总要使电容的介电常数发生变化，从而使电容量发生变化，使得和测量头相连的电路状态也随之发生变化，由此便可控制开关的接通或断开。这种接近开关检测的对象，不限于导体，也可以是绝缘的液体或粉状物等。

(3) 霍尔式接近开关　利用霍尔元件做成的开关，叫作霍尔开关。当磁性物件移近霍尔开关时，开关检测面上的霍尔元件因产生霍尔效应而使开关内部电路状态发生变化，由此识别附近有磁性物体存在，进而控制开关的通或断。这种接近开关的检测对象必须是磁性物体。

(4) 光电式接近开关　光电开关（光电传感器）是光电接近开关的简称，它是利用被检测物对光束的遮挡或反射，由同步回路选通电路，从而检测物体有无的。物体不限于金属，所有能反射光线的物体均可被检测。

接近开关的主要参数有型式、动作距离范围、动作频率、响应时间、重复精度、输出型式、工作电压及输出触点的容量等，接近开关的图形文字符号可用图 3-39 表示。

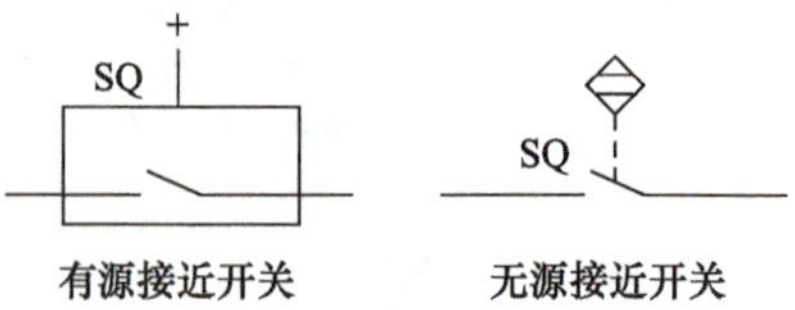

图 3-39　接近开关的图形文字符号

接近开关的产品种类十分丰富，常用的国产接近开关有 LJ、3SG 和 LXJ18 等多种系列，国外进口及引进产品在国内也有大量的应用。

3. 行程开关的选择

有触点行程开关的选择应注意以下几点：

1) 应用场合及控制对象选择。

2) 安装环境选择防护形式，如开启式或保护式。

3) 控制回路的电压和电流。

4) 机械与行程开关的传力与位移关系，选择合适的头部形式。

在一般的工业生产场所，通常都选用涡流式接近开关和电容式接近开关，因为这两种接近开关对环境的要求条件较低。当被测对象是导电物体或可以固定在一块金属物上的物体时，一般都选用涡流式接近开关，因为它的响应频率高、抗环境干扰性能好、应用范围广、价格较低。若所测对象是非金属（或金属）、液位高度、粉状物高度、塑料、烟草等，则应选用电容式接近开关。这种开关的响应频率低，但稳定性好。安装时应考虑环境因素的影响。若被测物为导磁材料或者为了区别和它在一同运动的物体而把磁钢埋在被测物体内时，应选用霍尔式接近开关，它的价格最低。

在环境条件比较好、无粉尘污染的场合，可采用光电接近开关。光电接近开关工作时对被测对象几乎无任何影响，因此在要求较高的传真机上以及在烟草机械上都被广泛地使用。

在防盗系统中，自动门通常使用热释电接近开关、超声波接近开关、微波接近开关。有时为了提高识别的可靠性，要选用多种类型的接近开关复合使用。

二、认知与维护

1. 锁紧装置

锁紧即解锁装置，提供单道滑动门的关闭、锁紧、全开三种状态，并将三种状态提供给锁闭安全回路使用，也能够将该道滑动门当前的状态反馈至该道门的门机控制器。屏蔽门滑动锁紧及解锁装置由锁块，位于滑轮挂件上的双头柱形锁销、安全行程开关、解锁电磁铁、锁闭辅助弹片等组成，如图 3-40、图 3-41 所示。

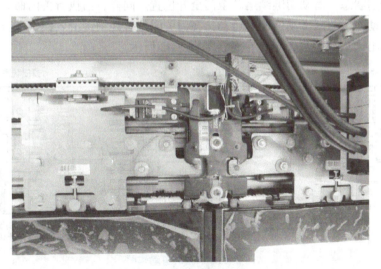

图 3-40 屏蔽门锁紧装置

锁紧及解锁装置安装在门机梁上，该装置设置有自动锁定、门到位且锁定位置检测、自动解锁及手动解锁功能。

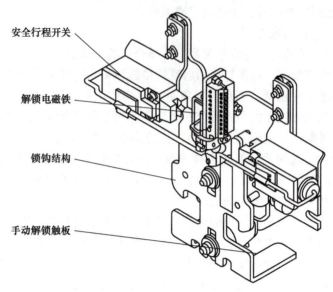

图 3-41 屏蔽门滑动锁紧单元

当正常通电，或两扇门被手动关至关闭位置时，传动装置中滚轮拖板组件的锁销滑入锁钩啮合锁闭，使滑动门不能被非正常打开。通过齿轮传动，使左右锁钩同步张开或闭合，可完成滑动门解锁与锁紧；采用导轨滑块结构实现滑动门关门是否到位和门是否锁紧检测，并在自动锁定过程中发送"门到位且锁定"信号。

当收到开门信号后，门机控制器（DCU）驱使电磁铁通电，磁场力将锁钩拉起，实现解锁，行程开关被触发，左右滑动门背向运动，脱离锁钩水平约束。此时电磁铁断电，到位开关已处于开门状态，滑动门继续运动至门全开位置。同样，当执行关门命令时，门机控制器驱使电动机动作，两扇滑动门相向运动，在门关闭位置处锁销滑入锁钩啮合锁闭，行程开关被触发，发出"门到位且锁定"信号，如图 3-42 所示。

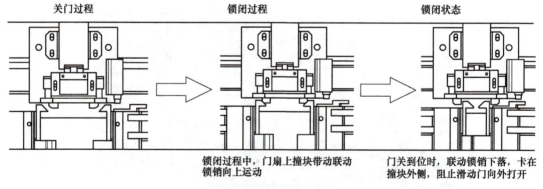

图 3-42 锁紧装置动作图

在自动锁定和解锁过程中，行程开关的常闭触点将滑动门的锁闭状态反馈给门机控制器（双行程开关构成双切回路），解锁电磁铁由门机控制器（DCU）控制。

出于安全性和可靠性的考虑，屏蔽门的滑动门还配有手动机械解锁装置。当在轨道侧操作手动解锁装置或在站台侧用钥匙解锁时，解锁装置内的解锁推杆将锁块推起，此时行程开关触点断开，DCU探测到此状态时启动声光报警装置进行报警，同时会自动驱动电动机，将门扇自动开启到一定开度。待一定延迟时间（可设置）过后，DCU重新通电驱动电动机使门扇自动关闭。当收到"门关闭并锁紧"的信号后，门机控制器才恢复到正常的工作模式。关门的动作将使解锁装置自动复位并锁紧门，滑动门恢复至安全状态。

2. 锁紧装置维护

（1）滑动门电气锁闭装置一般检查程序流程（图3-43）

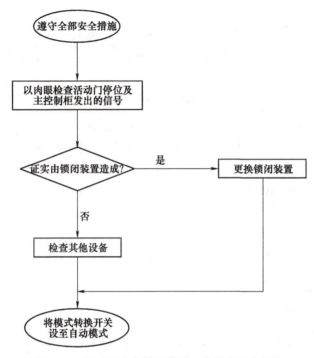

图3-43 滑动门电气锁闭装置一般检查程序流程

（2）更换锁紧装置（图3-44）

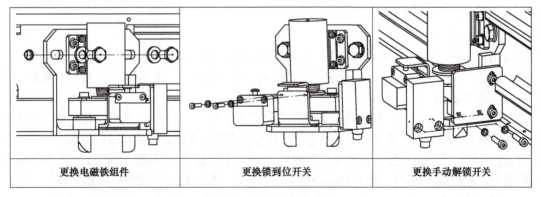

图3-44 更换锁紧装置的图解

步骤：

1）用模式转换开关的专用钥匙将模式转换开关打到隔离位置，使滑动门处于隔离状态。

2）操作者站在置于站台侧的人字梯或工作台上。

3）用顶箱的专用钥匙解开顶箱的压紧锁并打开维修盖板。

4）关闭本屏蔽门单元的供电开关。

5）首先需检查是哪一个部件（电磁铁组件、锁到位开关和手动解锁开关）坏了需要更换。表 3-2 列出更换电磁铁的操作步骤。

表 3-2　更换电磁铁的操作步骤

损坏项目	电磁铁组件损坏	锁到位开关坏	手动解锁开关坏
操作步骤	拆除电磁铁的线路	拆除锁到位开关线路	拆除手动解锁开关线路
	用 14#套筒扳手松开安装螺栓	用十字起子松开安装锁到位开关的十字槽盘头螺钉	用 3#内六角扳手松开安装手动解锁开关的内六角螺钉
	用 3#内六角扳手松开安装组件的四个内六角螺钉，并取下电磁铁组件	更换新的锁到位开关，并用十字起子拧紧十字槽盘头螺钉	更换新的手动解锁开关，并用 3#内六角扳手拧紧内六角螺钉
	更换新的电磁铁组件，并用 3#内六角扳手拧紧螺钉固定电磁铁组件	恢复锁到位开关的接线	恢复手动解锁开关的接线
	手动检查电磁铁运动是否顺畅		
	用 14#套筒扳手重新拧紧安装螺栓并固定锁紧装置		
	恢复电磁铁的接线		

6）打开本屏蔽门单元的供电开关。

7）关闭顶箱的维修盖板并锁紧。

8）将模式转换开关打到自动位置，使滑动门处于自动状态。

9）移走人字梯或工作台。

3. 滑动门的行程开关

滑动门采用三个行程开关，其中一个开关为锁定开关，采用顶杆式结构，用来检测门扇是否锁定；另两个为到位开关，采用摆臂式结构，用来检测门扇是否到位。每个开关具有多副常开、常闭触点。

对于锁定开关，其中一副常闭触点作为安全回路使用，常开触点作为门扇锁定解锁状态检测。当门扇关闭时，门锁拨叉落下，锁定开关释放，恢复自由状态，使常闭触点闭合，安全回路接通。同时，常开触点断开，检测信号传到该滑动门单元门机控制器（DCU），经 DCU 处理后传到中央控制盘（PSC），再由 PSC 上传到综合监控系统（ISCS）进行显示和报警。

对于到位开关，其中一副常开触点作为安全回路使用，常闭触点作为门扇到位-打开状态检测。当门扇关闭时，门体挂件触碰摆臂，使常开触点闭合，安全回路接通。同时，常闭触点断开，检测信号传到该滑动门单元门机控制器（DCU），经 DCU 处理后传到中央控制盘（PSC），再由 PSC 上传到综合监控系统（ISCS）进行显示和报警。

任务工单

任务工单 3-3　地铁屏蔽门门机系统中的锁紧装置

姓　　名		学　　院		专　　业	
小组成员				组　　长	
指导教师		日　　期		成　　绩	

任务目标

学习常用行程开关的选择使用、地铁屏蔽门门机系统中的锁紧装置等,掌握地铁屏蔽门门机系统中锁紧装置的工作原理和维护方法。

信息收集	成绩:

1) 了解几种行程开关的工作原理。

2) 能正确选择和使用行程开关。

3) 理解地铁屏蔽门门机系统中锁紧装置的工作原理。

4) 掌握地铁屏蔽门门机系统中锁紧装置的维护方法。

任务实施	成绩:

1) 常用的行程开关有哪几种?
_____
_____

2) 请说出每种行程开关的典型特征。
_____
_____
_____

3) 说出地铁屏蔽门门机系统中锁紧装置的工作原理。
_____
_____

4) 地铁屏蔽门门机系统中锁紧装置的维护需要哪些步骤?
_____
_____
_____

成果展示及评价	成绩:

自　评		互　评		师　评	
教师建议及改进措施					

评价反馈	成绩:

根据自己在课堂中的实际表现进行自我反思和自我评价。

自我反思:_____

自我评价:_____

(续)

任务评价表

评价项目	评价标准	配分	得分
信息收集	完成信息收集	15	
任务实施	任务实施过程评价	40	
成果展示及评价	任务实施成果评价	40	
评价反馈	能对自身客观评价和发现问题	5	
总分		100	
教师评语			

项目检测

1. 简述屏蔽门门机系统的组成。
2. 如何检测电动机的速度、电动机的位置、存在的障碍物？
3. 屏蔽传动装置常采用哪两种传动方式？
4. 简述无刷直流电动机的工作原理。
5. 简述门机控制器（DCU）的功能。
6. 信号如何控制 DCU 的开门与关门？
7. 简述屏蔽门滑动锁紧及解锁装置的自动锁紧和解锁、手动解锁过程。

项目四

分拣机构

项目描述

本部分选择分拣机构作为载体,它的功能根据料台是否有料,操作抓手完成不同颜色物料识别、取料、输送、分拣等动作。图 4-1 所示为分拣机构的结构示意图,在该分拣机构中,2(支架料台)用来放置工件,1(光电传感器1)用来检测该支架料台是否有料,若有料,4(扁平气缸抓手)开始伸出,并由抓手处的3(光电传感器2)来判断工件颜色,

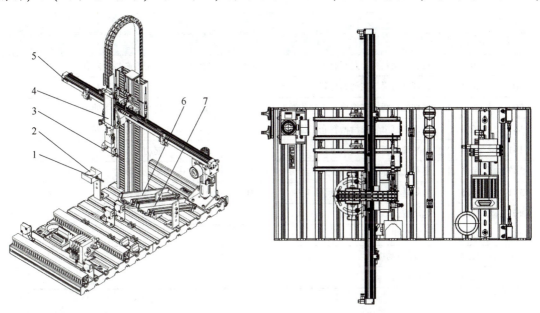

a) 轴测图 b) 俯视图

图 4-1 分拣机构的结构示意图

1—光电传感器1 2—支架料台 3—光电传感器2 4—扁平气缸抓手
5—无杆气缸滑轨 6—滑槽料仓1 7—滑槽料仓2

接着根据判断结果，4（扁平气缸抓手）沿着5（无杆气缸滑轨）在6（滑槽料仓1）和7（滑槽料仓2）进行分拣，即为整个动作。

在本项目中，分拣机构的控制元件选用西门子 S7-1200 系列 PLC，通过实现分拣机构的功能，学习西门子 S7-1200 系列 PLC 的原理、功能和应用。

控制要求

分拣机构的基本动作要求见表 4-1，分拣机构的 I/O 分配见表 4-2。

表 4-1　分拣机构的基本动作要求

序号	分拣机构的基本动作要求
1	判断支架料台是否有工件，若无工件，则不动作
2	若有工件，则扁平气缸抓手移动到该位置，抓手打开，并伸出抓手
3	抓手处传感器检测工件颜色，抓取工件
4	扁平气缸抓手缩回，并沿着无杆气缸滑轨输送工件
5	根据工件颜色，借助传感器选择在滑槽料仓1还是滑槽料仓2停止
6	扁平气缸抓手伸出，打开夹爪，放工件
7	返回初始状态
8	循环动作

表 4-2　分拣机构的 I/O 分配

输入			输出		
符号	地址	注释	符号	地址	注释
PART_AV	I0.0	检测支架料台上是否有工件	1M1	Q0.0	扁平气缸抓手左移
1B1	I0.1	无杆气缸滑轨在初始位置	1M2	Q0.1	扁平气缸抓手右移
1B2	I0.2	无杆气缸滑轨在滑槽料仓2位置	2M1	Q0.2	扁平气缸抓手伸出
1B3	I0.3	无杆气缸滑轨在滑槽料仓1位置	3M1	Q0.3	扁平气缸抓手夹紧
2B1	I0.4	扁平气缸抓手在伸出位置	H1	Q1.0	起动指示灯
2B2	I0.5	扁平气缸抓手在缩回位置	H2	Q1.1	复位指示灯
3B1	I0.6	检测是否红色、金属或黑色工件	H3	Q1.2	等待指示灯
S1	I1.0	起动按钮			
S2	I1.1	停止按钮			
S3	I1.2	手动/自动按钮			
S4	I1.3	复位按钮			

项目目标

1）能实现分拣机构的物料识别、取料、输送、分拣、计数、循环动作等功能。

2）掌握可编程序控制器工作原理与结构组成。

3）掌握 TIA 博途软件使用方法，并能正确使用 S7-1200 PLC 的基本指令编制控制程序。
4）能根据分拣机构要求完成控制功能。
5）能完成 PLC 线路连接，熟练测绘线路的连接情况。

任务1　认识可编程序控制器（PLC）

任务描述

本任务主要学习可编程序控制器（PLC）的产生、定义、功能、硬件结构和工作原理等，目的是使学生对可编程序控制器（PLC）有个基本认知，了解可编程序控制器（PLC）的价值。培养学生提取关键信息，总结归纳，发现问题、解决问题的能力。

任务目标

1）了解 PLC 的产生和定义。
2）了解 PLC 的功能及应用。
3）了解 PLC 的硬件结构。
4）理解 PLC 的工作原理。
5）了解 PLC 的编程语言类型。

任务实施

分拣机构的控制系统采用 S7-1200 系列控制器，它是由西门子公司于 2009 年开始推出的小型 PLC，是 PLC 发展历程的一部分。

一、概念及分类

1. PLC 的产生和定义

20 世纪 60 年代以前，汽车生产线的自动控制系统一般都是由继电器控制系统组成的，继电器装置的弊端是汽车每次改型都需要重新设计和安装新的继电器控制系统，这在一定程度上阻碍了汽车工业的发展。为改变这一现状，美国通用汽车公司于 1969 年率先公开招标，要求用新的装置取代继电器控制系统，美国数字设备公司（DEC）根据要求于 1969 年研制成功了第一台可编程序控制器——PDP-14，首先用于控制齿轮磨床，在美国通用汽车公司的生产线上试用成功，PLC 由此诞生。

由于当时的目的是用来取代继电器，以执行逻辑判断、计时、计数等顺序控制，用来进行逻辑运算，故称为可编程序逻辑控制器（Programmable Logic Controller，PLC）。随着微电子技术、信息技术和控制技术的发展，PLC 的功能不断增强，如可完成连续模拟量处理、高速计数、远程 I/O、网络通信等功能，于是美国电气制造商协会（NEMA）于 1980 年正式将其命名为"可编程序控制器"，简称 PC。但由于 PC 容易和个人计算机（Personal Computer）混淆，所以人们还沿用 PLC 作为可编程序控制器的英文缩写。我国从 1974 年开始研制 PLC，并于 1977 年运用到工业生产中。

国际电工委员会（IEC）对可编程序控制器的定义是："可编程序控制器是一种数字运

算操作的电子系统，专为在工业环境下应用而设计。它采用了可编程序的存储器，用来在其内部存储和执行逻辑运算、顺序控制、定时、计数和算术运算等操作命令，并通过数字式和模拟式的输入和输出，控制各种类型的机械或生产过程。可编程序控制器及其有关外围设备，都按易于与工业系统联成一个整体、易于扩充其功能的原则设计。"

定义强调了可编程序控制器是一种用程序来改变控制功能的工业控制计算机，除了具有各种各样的控制功能，还有与其他计算机通信联网的功能。可编程序控制器直接应用于工业环境，它需具有很强的抗干扰能力和适应能力，并且应用范围广。

2. PLC 的分类

（1）按组成结构形式分类 PLC 可分为整体式 PLC 和模块式 PLC 两大类。整体式 PLC 是将电源、CPU、I/O 单元等组成部分集成在一个壳体中，形成一个整体。整体式 PLC 具有结构紧凑、体积小、质量小、价格低的优点。一般小型或超小型 PLC 多采用这种结构。模块式 PLC 是把各个组成部分做成独立的模块，如电源模块、CPU 模块、I/O 模块等，各模块制作成插件式，并可安装在一个具有标准尺寸并带有若干插槽的机架内，构成一个完整的 PLC。模块式 PLC 配置灵活，装配和维修方便，易于扩展，一般大中型 PLC 都采用这种结构。

（2）按 I/O 点数分类 可编程序控制器输入、输出端子的数目之和被称为其输入、输出点数，简称 I/O 点数。根据 I/O 点数的多少可将 PLC 分成小型、中型和大型三种类型。

小型 PLC：其 I/O 点数一般小于 256 点，以开关量控制为主，具有体积小、价格低的优点。可用于开关量的控制、定时/计数的控制、顺序控制及少量模拟量的控制场合。

中型 PLC：其 I/O 点数一般在 256~1024 之间，功能比较丰富，兼有开关量和模拟量的控制能力，适用于较复杂系统的逻辑控制和闭环过程的控制。

大型 PLC：其 I/O 点数一般在 1024 点以上，用于大规模过程控制、集散式控制和工厂自动化网络。

随着 PLC 技术的迅速发展，有些小型 PLC 的 I/O 点数也很多，功能也很丰富。

二、功能及应用

随着 PLC 技术的发展，PLC 的功能越来越完善，在国内外已广泛应用于涉及控制的各行各业，PLC 性能价格比不断提高，并不断扩大其应用范围，具体归纳如下几类。

1. 开关量的逻辑控制

开关量逻辑控制是 PLC 最基本的应用领域，用于取代传统的继电器控制系统，实现顺序控制和逻辑控制，既可用于控制单台设备，也可用于多机群控制及自动化流水线控制。

2. 位置控制

位置控制是指 PLC 对直线运动和圆周运动的控制。早期的 PLC 通过开关量 I/O 模块、位置传感器和执行机构一起实现这一功能。目前，PLC 主要通过专用的运动控制模块来完成（例如，工业机器人的六个轴，就是借助伺服驱动器控制模块，PLC 输出脉冲信号来实现伺服电动机的控制的）。位置控制功能广泛应用于机床、电梯、工业机器人等机械设备。

3. 过程控制

过程控制主要用于存在温度、流量、压力和速度等连续变化的模拟量的工业生产过程当中，PLC 采用 A/D、D/A 转换模块及 PID 等控制算法来处理模拟量，完成闭环控制。过程控制在冶金、化工、锅炉控制和热处理等场合有非常广泛的应用。

4. 数据处理

PLC 具有数学运算（含逻辑运算、函数运算、矩阵运算）及数据的传送、移位、比较转换、排序和查表等功能，完成数据的采集、分析及处理，一般用于如造纸、冶金、柔性制造中的一些大中型控制系统。

5. 通信联网

PLC 可以完成 PLC 之间及与其他智能设备间的通信，可以组建基于现场总线和工业以太网的工厂自动化网络。

三、硬件结构

可编程序控制器是微机技术与常规继电器技术相结合的产物，实质上是一种专用于工业控制的计算机，它的基本工作原理是建立在计算机工作原理基础上的，因此 PLC 的硬件组成也与计算机类似。PLC 的生产厂家及种类很多，但其基本结构和工作原理相同，都是以 CPU 为核心，由系统程序存储器、用户程序及数据存储器、输入/输出（I/O）接口、扩展接口、电源、外设通信接口部分等部分组成，形成一个完整运行整体，如图 4-2 所示。

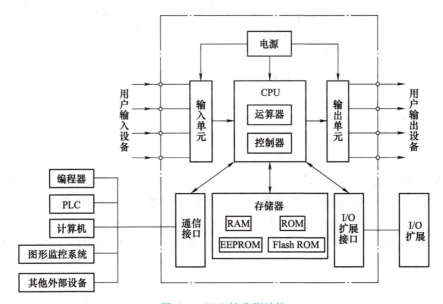

图 4-2 PLC 的典型结构

1. 中央处理器（CPU）

CPU 是 PLC 的核心部件，它控制整个系统协调一致的运行。CPU 的主要功能有：接收并存储用户程序和数据；扫描并存储现场输入装置的状态或数据；执行用户程序，并将结果送到输出端；诊断错误；响应各种外设的请求。

2. 系统程序存储器

存放系统程序的存储器称为系统程序存储器。系统程序是由 PLC 制造厂家提供，固化在各种只读存储器（ROM）中，无须用户访问和修改，和硬件一起决定了 PLC 性能。系统程序包括监控程序：用于管理计算机；编译程序：把程序语言翻译成机器语言；诊断程序：

诊断机器故障。

3. 用户程序及数据存储器

存放用户程序及数据的存储器称为用户程序及数据存储器。用户程序是用 PLC 语言编制的应用程序，一般存放在 RAM（随机读写存储器）中，CPU 可随时对其读写，速度快，但数据易丢失，可用锂电池作为备用电源。有些用户程序由于固定不变，可由 PLC 厂家根据用户要求编写完毕，出厂前即存放于 ROM 或 EPROM 中。EPROM 中除了 EEPROM，现在还使用闪存 Flash ROM，用来存储用户程序和需要保存的重要数据。工作数据是 PLC 在应用过程中经常变化、经常存取的一些数据，这部分数据存储在 RAM 中，以满足随机存取的要求。

4. 输入/输出（I/O）接口

I/O 接口是 PLC 与外部输入/输出设备连接的部件。PLC 的输入接口电路的作用是将按钮、传感器、行程开关和触点等产生的信号输入 CPU，PLC 的输出接口电路的作用是将 CPU 输出的信号通过功放去驱动接触器、电磁阀、指示灯等输出设备。

PLC 的输入接口可分为干接触、直流输入和交流输入三种。干接触式由 PLC 内部直流电源供电；直流输入电路由于延迟时间比较短，可直接与光电开关、接近开关等电子输入装置连接；交流输入电路适用于有油雾、粉尘的恶劣环境，必须外接交流电源。

PLC 的输出接口通常有继电器输出、晶体管输出和晶闸管输出三种。其中继电器输出型为有触点输出方式，响应速度较慢，适用于直流或低频交流负载。继电器输出型安全隔离效果好，应用灵活性好。晶体管输出型和晶闸管输出型都是无触点输出方式，晶体管输出型适用于直流负载回路，响应速度快。晶闸管输出型适用于高频大功率交流负载，其中西门子 S7-1200 PLC 暂时还没有晶闸管输出形式。实际中需要根据负载的特点选择合适的输出接口。

5. 扩展接口

PLC 的扩展接口是接扩展模块使用的，将扩展单元与主机连接在一起，使 PLC 的配置更加灵活，以满足不同控制系统的需要，其目的就是增加 PLC 的 I/O 数量或者其他功能。例如一个 PLC 的 I/O 数量不够用了，就可以用扩展接口接一个 I/O 扩展模块，来增加 I/O。又如 PLC 需要 A/D 采集信号，就可以用扩展接口接一个 A/D 扩展模块，来增加 A/D 转换功能。

6. 电源部分

PLC 一般使用220V 交流电源或 24V 直流电源供电，其内部电源为 PLC 的 CPU、存储器等电路提供 5V、12V、24V 直流电源，使 PLC 能正常工作。内部电源不足以带动输出负载，带负载时需配置外部直流电源。为防止数据丢失，PLC 还配有锂电池作为后备电源。

7. 外设通信接口

外设通信接口（如串口、网口等）用于连接手持编程器或其他图形编程器、文本显示器、计算机等，并通过外设通信接口组成 PLC 的通信控制网络，可以实现编程、监控、组网等功能。

四、工作原理

用户根据工作对象的功能要求，在计算机或编程器上编写程序，然后下载到 PLC，PLC

执行用户编写的程序,根据外部检测信号变化情况,驱动外部负载,实现任务功能。PLC执行程序过程中采用的是循环扫描的工作方式,每扫描完一次程序就构成一个扫描周期,循环扫描,周而复始。下面具体介绍 PLC 的扫描工作过程。

1. PLC 循环扫描执行过程

在一个扫描周期内,PLC 扫描执行过程分为输入刷新、程序执行和输出刷新三个阶段,如图 4-3 所示。

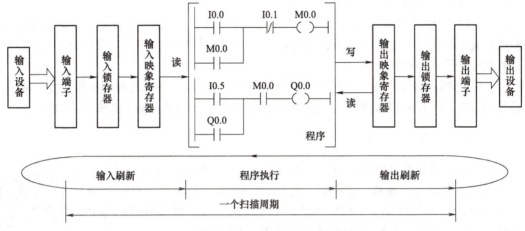

图 4-3　PLC 扫描执行过程

(1) 输入刷新阶段　PLC 在输入刷新阶段,按顺序以扫描方式将所有输入端点的输入状态写入相对应的输入映像寄存器中,此时,输入映像寄存器被刷新。

(2) 程序执行阶段　按从上到下从左到右顺序依次扫描用户程序,从输入映象寄存器中读取上一阶段采样的输入状态,从其他元件映象寄存器(包括输出映象寄存器)中读取相应当前状态,然后进行运算,将结果存入元件映象寄存器。

(3) 输出刷新阶段　在输出刷新阶段,执行完用户的所有指令后,PLC 将输出映象寄存器的通断状态送到输出锁存器中,并通过一定的方式(继电器、晶体管、晶闸管)输出,驱动外部负载工作。

2. PLC 工作过程特点

(1) 周期循环扫描的工作过程　PLC 读取输入、执行程序和更改输出的过程称为扫描。CPU 将扫描过程从头到尾执行完一次后再执行第二次、第三次,直至停机,称为周期循环扫描。

用于完成扫描工作的时间称扫描时间,或一个扫描周期。CPU 的扫描周期除了程序扫描和 I/O 刷新所占用的时间,还包括自检、响应外设等时间;还要考虑到 I/O 硬件电路的延时,硬件电路的延时包括输入滤波时间常数和输出继电器触点的机械滞后。

PLC 进行相邻两次输入扫描之间的时间间隔称为一个工作周期。

(2) 集中采样、集中输出的工作方式　PLC 对输入、输出信号不是实时处理的,而是采用一种对输入、输出信号集中批处理的方式,即对输入信号集中采样,对输出信号集中输出的工作方式,该方式虽然降低了系统实时性,但提高了系统抗干扰能力。

3. PLC 工作方式对输出结果的影响

由于 PLC 的串行工作方式,及其周期循环扫描、集中采样集中输出的工作过程特点,可以看到,PLC 对输入点与输出点状态的刷新有可能不是即时的,特别是当用户程序的执行周期比较长的时候尤其如此。

(1) I/O 滞后现象 监控程序在执行用户程序之前通过扫描刷新了输入,但这些输入信号改变所引起的输出变化要在用户程序执行完毕之后才会发生。在最坏的情况下,输出刷新有可能滞后于输入刷新两个周期。

由于 PLC 工作速度很快(一般循环周期在 10ms 以下),对一般的工业控制设备来说,这种滞后是允许的。对于有些设备,需要输入、输出做出快速反应,可采用快速响应模块、高速计数模块及中断处理等方法。

(2) 输入脉冲信号的丢失 在 PLC 工作时,如果输入信号的维持时间很短,将会带来输入信号的丢失。除去在 PLC 的输入刷新期间到来的脉冲,其他脉冲都不能被 PLC 接收而丢失。

五、编程语言

PLC 通常不采用微机的编程语言(面向机器),而采用面向控制过程、面向问题的"自然语言"编程。主要有:梯形图(LAD)、语句表(STL)、顺序功能图(SFC)、功能块图(FBD)和结构文本(ST)等。随着计算机与 PLC 结合使用的日益密切,为增强 PLC 的运算功能,也使用高级语言进行编程。

1. 梯形图(LAD)

梯形图(LAD)编程语言是从继电器控制系统原理图的基础上演变而来的。PLC 的梯形图与继电器控制系统的梯形图的基本思想是一致的,采用诸如触点和线圈的符号,只是在使用符号和表达方式上有一定区别。图 4-4 所示为自保持电路的梯形图。

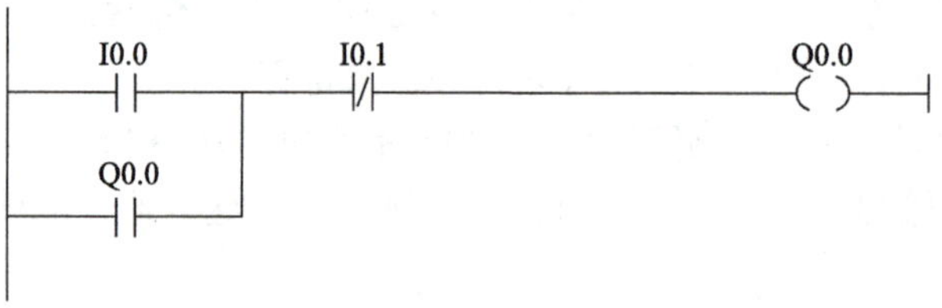

图 4-4 自保持电路的梯形图

PLC 内部并没有继电器实体,只有内部寄存器中的每位触发器,但可把 PLC 控制部分看作由许多"软继电器"组成的等效电路,这样就能用处理继电器线路的类似方法处理 PLC 的编程与逻辑功能的实现。各触发器状态能无数次读出,因此对于软继电器,线圈定义号只有一个,触点可有无数个,或为常开或为常闭,可理解为常开触点是取用该位触发器状态,而常闭触点为取用该位触发器相反状态。

梯形图中逻辑关系:水平方向为串联,相当于"与",垂直方向为并联,相当于"或"。在梯形图中,左右两垂直线称为母线。梯形图中程序的执行过程只能是从左到右、从上到下,而不能逆向进行。

2. 语句表(STL)

语句表(STL)编程语言类似于计算机中的助记符语言,它是可编程序控制器最基础的编程语言。所谓语句表编程，是用一个或几个容易记忆的字符来代表可编程序控制器的某种操作功能。

（1）格式：操作码　操作数

操作码：用助记符表示的编程语言。

操作数：常数或"标识符+参数"。标识符：软继电器类型，参数：软继电器地址。

（2）例：自保持电路的语句表

A （　　　　　　　；逻辑运算的开始

O　　I0.0　　　；输入 I0.0 常开触点

O　　Q0.0　　　；逻辑或，并联 Q0.0 常开触点

）　　　　　　　；逻辑或结束

AN　 I0.1　　　；逻辑与非，串联 I0.1 常闭触点

=　　 Q0.0　　　；输出指令，输出 Q0.0

不同厂家生产的 PLC 所用助记符各不相同。语句表中的逻辑关系很难一眼看出，程序比较难阅读，所以在设计由复杂的开关量控制的程序时，一般使用梯形图，语句表可在处理某些不能用梯形图处理的问题时使用。

3. 顺序功能图（SFC）

顺序功能图（SFC）编程是一种图形化的编程方法，也称功能图，是一种位于其他编程语言之上的图形语言。使用它可以对具有并发、选择等复杂结构的系统进行编程，许多 PLC 都提供了用于 SFC 编程的指令。

4. 功能块图（FBD）

功能块图是一种类似于数字逻辑电路结构的编程语言，利用 FBD 可以查看到像普通逻辑门图形的指令。它没有梯形图编程器中的触点和线圈，由与门、或门、非门、定时器、计数器、触发器等逻辑符号组成，其中的符号表示功能（例如：& 指"与"逻辑操作）。

5. 结构文本（ST）

结构文本是为 IEC1131-3 标准创建的一种专用的高级编程语言。与梯形图相比，它能实现复杂的数学运算，编写的程序非常简捷和紧凑。

任务工单

任务工单 4-1　认识可编程序控制器（PLC）

姓　名		学　院		专　业	
小组成员				组　长	
指导教师		日　期		成　绩	

任务目标

完成对可编程序控制器(PLC)的产生、定义、功能、硬件结构、编程语言类型和工作原理等的认知。

信息收集	成　绩：

1）了解 PLC 的产生和定义。

2）了解 PLC 的功能及应用。

（续）

3）了解 PLC 的硬件结构。

4）理解 PLC 的工作原理。

5）了解 PLC 的编程语言类型。

任务实施	成绩：

1）名词解释：PLC

2）PLC 的功能有哪些？

3）PLC 的输入接口电路和输出接口电路的作用分别是什么？

4）PLC 循环扫描工作方式执行过程分为哪几个阶段？

5）（多项选择）PLC 的编程语言主要有（　　）
  A. 梯形图（LAD） B. 语句表（STL）
  C. 顺序功能图（SFC） D. 功能块图（FBD）

成果展示及评价				成绩：	
自　评		互　评		师　评	
教师建议 及改进措施					

评价反馈	成绩：

根据自己在课堂中的实际表现进行自我反思和自我评价。
 自我反思：

 自我评价：

任务评价表

评价项目	评价标准	配分	得分
信息收集	完成信息收集	15	
任务实施	任务实施过程评价	40	
成果展示及评价	任务实施成果评价	40	
评价反馈	能对自身客观评价和发现问题	5	
总分		100	
教师评语			

任务 2　物料识别

任务描述

本任务主要是学习西门子 S7-1200 PLC 的基本使用，熟悉 S7-1200 硬件模块、位逻辑指令、用户程序结构、编程方法以及 TIA 博途的使用等，目的是使学生能够编程调试出分拣机构的物料识别功能。培养学生操作能力、分析解决问题能力、团队协作意识以及逻辑思维能力。

任务目标

1）熟悉 S7-1200 PLC 硬件模块。
2）熟悉使用 TIA 博途。
3）能运用位逻辑指令编程。
4）理解 S7-1200 用户程序结构。
5）了解 S7-1200 常用编程方法。
6）能完成物料识别动作编程调试。

任务实施

为了更好地完成分拣机构的物料识别任务，我们依次完成以下活动。

一、西门子 S7-1200 PLC 概述

控制元件选用西门子 S7-1200 PLC，物料识别动作可以通过基本逻辑指令实现。

1. S7-1200 PLC 简介

西门子公司作为电子和电气设备制造商，生产的 SIMATIC 可编程序控制器在全球占有重要地位。该公司从 1975 开始依次推出了 SIMATIC S3 系列、SIMATIC S5 系列、SIMATIC S7 系列控制器，目前主要是 SIMATIC S7 系列产品在工业现场使用。SIMATIC S7 系列产品包括 S7-200、S7-200CN、S7-200 SMART、S7-1200、S7-300、S7-400 以及 S7-1500 共 7 个产品系列。

S7-1200 是 SIMATIC S7-1200 的简称，它是西门子公司于 2009 年推出的小型 PLC。图 4-5 所示为 S7-1200 PLC 外形图，它是一款紧凑型、模块化的 PLC，功能强大、可扩展性强、灵活度高，可实现最高标准工业通信的通信接口以及一整套强大的集成技术功能，使该控制器成为完整、全面的自动化解决方案的重要组成部分。

2. S7-1200 PLC 特性

S7-1200 PLC 采用紧凑型、模块化设计，突出了灵活可扩展性能，另外，它自身集成了 PROFINET 接口以及可扩展的通信接口，使它能够实现不同网络通信，为

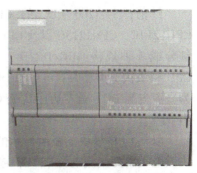

图 4-5　S7-1200 PLC 外形图

工业现场提供既便捷又可靠的解决方案。S7-1200 PLC 特性描述如下。

（1）集成 PROFINET 接口　S7-1200 PLC 一般集成了 1 或 2 个 PROFINET 接口，该接口可以直接连接计算机用于编程软件编程下载，也可以直接连接 HMI 等其他以太网设备，最大连接数可达 23 个，可形成一个以太网互联的工业网络。

（2）存储器　S7-1200 PLC 存储器包括用来存储用户指令和数据的最高有 150KB 的工作内存，还有最高 4MB 的集成装载内存，以及 10KB 的掉电保持内存。另外 S7-1200 PLC 还集成了 SIMATIC 存储卡插槽，SIMATIC 存储卡是可选件，可以通过设置而具有编程卡、固件更新卡和传送卡三种功能。

（3）通信功能　S7-1200 PLC 通过集成的 PROFINET 接口以及扩展的通信接口，可支持的通信协议包括 I-device、PROFINET、PROFIBUS、点对点通信（PtP）、USS 通信、Modbus RTU、AS-I、远程控制通信和 I/O link master 通信等。

（4）其他特性　高速输入：S7-1200 PLC 控制器本身提供了多个高速计数器，包括 30kHz、100kHz、1MHz，用于测量和计数。

高速输出：S7-1200 PLC 控制器本身提供了多个高速脉冲输出，包括 20kHz、100kHz、1MHz，可用于步进驱动器或伺服驱动器的控制。

PID 控制：S7-1200 PLC 控制器本身提供了多个带自动调节功能的 PID 控制回路，用于简单的闭环控制。

二、硬件模块

S7-1200 PLC 的硬件系统主要包括 CPU 模块、信号模块、通信模块以及信号板。信号板安装于 CPU 模块的上表面，只能扩展 1 个信号板。信号模块安装于 CPU 模块右侧，最多可以扩展 8 个信号模块。通信模块安装于 CPU 模块左侧，最多可以扩展 3 个通信模块。图 4-6 所示为 S7-1200 PLC 扩展模块图。

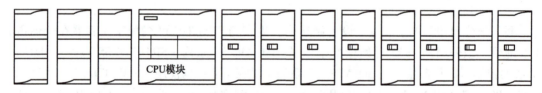

图 4-6　S7-1200 PLC 扩展模块图

1. CPU 模块

目前，S7-1200 PLC 的 CPU 模块包括 5 种大的类型：CPU1211C、CPU1212C、CPU1214C、CPU1215C 以及 CPU1217C。其中每个大的类型里面又根据供电及输入输出形式细分成 3 种规格：DC/DC/DC、DC/DC/RLY、AC/DC/RLY，其中 □/□/□ 最左边 □ 代表 CPU 模块供电类型为直流电源 DC 或者交流电源 AC，中间 □ 代表 CPU 模块输入端电源类型为直流电源 DC，最右边 □ 代表 CPU 模块输出端输出形式为晶体管输出 DC 或者继电器输出 RLY。

以某 CPU 模块上表面显示的 CPU1214C AC/DC/RLY 为例，所表示的含义是：CPU 模块供电类型为交流电源 220V，输入端为直流电源 24V，输出端输出形式为继电器输出。

具体的 CPU 模块外形如图 4-7 所示，1 为 CPU 运行状态指示灯，包括 STOP/RUN 运行停止指示灯、ERROR 故障指示灯以及 MAINT 指示灯。4 为 I/O 状态指示灯，通过观察指示灯点亮或熄灭，可以来判断输入或输出状态。2 为安装信号板位置，拆下此处挡板，可以安装 1 个信号板。6 为 PROFINET 接口，用于实现以太网通信，有两个可指示以太网通信状态的指示灯，其中"link"点亮绿色表示连接成功，"Rx/Tx"点亮黄色指示传输活动正进行。5 为存储卡插槽，用于安装 SIMATIC 存储卡。3 为输入输出端，用于连接外部传感器及负载。

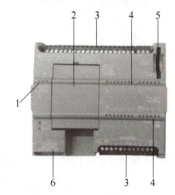

图 4-7　CPU 模块外形
1—CPU 运行状态指示灯
2—安装信号板位置
3—输入输出端　4—I/O 状态指示灯
5—存储卡插槽　6—PROFINET 接口

2. 信号模块

信号模块包括数字量输入/输出（DI/DQ）模块和模拟量输入/输出（AI/AQ）模块，安装在 CPU 模块的右侧，起到扩展 I/O 信号的目的，为较大项目实施提供解决方案。

数字量输入/输出模块具体包括数字量输入模块 SM1221（分为 8 直流输入和 16 直流输入）、数字量输出模块 SM1222（分为 8 继电器输出、16 继电器输出、8 直流输出、16 直流输出、8 继电器双态输出）、数字量输入/输出模块 SM1223（分为 8 直流输入/8 继电器输出、16 直流输入/16 继电器输出、8 直流输入/8 直流输出、16 直流输入/16 直流输出、8 交流输入/8 继电器输出）。

模拟量输入/输出模块具体包括模拟量输入模块 SM1231、模拟量输出模块 SM1232、热电偶和热电阻模拟量输入模块 SM1231 以及模拟量输入/输出模块 SM1234。

3. 通信模块

S7-1200 PLC 的通信模块安装在 CPU 模块的左侧，起到扩展多种通信接口的目的，满足工业网路各设备间的互联互通需求。

通信模块具体包括 PROFIBUS-DP 主站模块 CM1243-5、PROFIBUS-DP 从站模块 CM1242-5、点对点（PtP）串行通信模块 CM1241、AS-i 主站模块 CM1243-2、GPRS 远程通信模块 CP1242-7 和 I/O-Link 主站模块 SM1278。

4. 信号板

信号板顾名思义就是提供 I/O 信号的板子，S7-1200 PLC 的 CPU 模块上表面都可以安装一块信号板，还不会增加安装空间，起到扩展少量 I/O 信号的目的，是相对扩展信号模块的一个简便、经济的方案。

信号板的种类较多，具体包括数字量输入信号板 SB1221、数字量输出信号板 SB1222、数字量输入/输出信号板 SB1223、热电偶热电阻信号板 SB1231、模拟量输入信号板 SB1231 和模拟量输出信号板 SB1232，另外此处也可以安装 RS485 通信信号板 CB1241 和电池板 BB1297。

三、TIA 博途软件

1. 项目建立及硬件组态

（1）启动 TIA（图 4-8）

（2）创建一个新项目（图 4-9）

图 4-8　启动 TIA

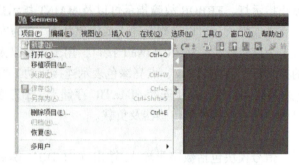

图 4-9　创建新项目

（3）添加新设备　新建一个项目后，双击左侧项目树中的"添加新设备"，弹出"添加新设备"对话框，如图 4-10 所示，单击其上面"控制器"按钮，选择 SIMATIC S7-1200，再找到所对应的 CPU 模块，即可添加成功。

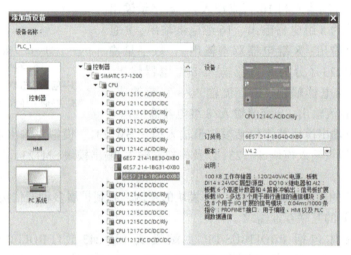

图 4-10　"添加新设备"对话框

（4）硬件组态　如图 4-11 所示，在项目树中找到新添加的新设备，如图 4-11 中的设备 PLC_1 [CPU 1214C AC/DC/Rly]，双击设备下面的"设备组态"图标，打开设备视图。设备视图中可以看到已经存在的 CPU 模块，以及左右两侧预留的 3 个通信模块和 8 个信号模块扩展插槽，接着就需要根据实际设备情况组态通信模块或者信号模块以及信号板等。

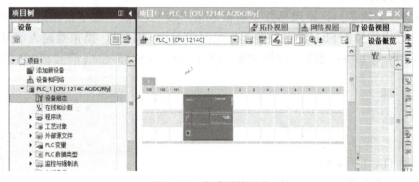

图 4-11　启动硬件组态

硬件组态时，单击最右边的竖条"硬件目录"按钮，打开硬件目录窗口，打开目录下面的文件夹，找到 DI 文件夹下订货号为 6ES7 221-1BF30-0XB0 的输入模块，如图 4-12 所示。接着把该模块添加到设备视图工作区的机架的插槽 2 中。放置的方法有两种，一种是直接"拖拽"该模块移动到插槽 2 上方；另一种方法是先单击插槽 2 进行选择，再直接双击硬件目录下的该模块即可。

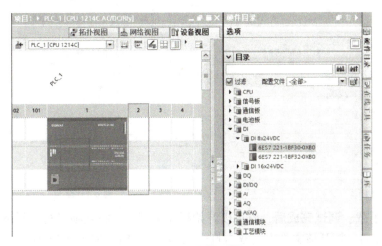

图 4-12 硬件目录

2. 参数设置、编译、下载

对 CPU 模块进行参数设置，双击设备视图中的 CPU 模块，下方出现如图 4-13 所示的 CPU 属性对话框，至少要设置以太网地址，保证该 IP 地址与下载计算机 IP 地址在同一网段，还可以在常规里设置设备名称，以及设置 I/O 地址等。接着再对扩展模块进行参数设置，方法同 CPU 模块参数设置。

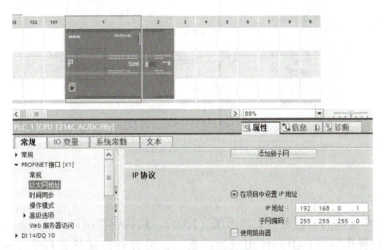

图 4-13 CPU 参数设置

参数设置完成后，就可以点击"编译""下载到设备"按钮，弹出图 4-14 下载界面对话框，PG/PC 接口的类型选择"PN/IE"，PG/PC 接口选择的是所用的计算机的有线网卡型号。不同的计算机网卡型号不同，可在计算机设备管理器中进行查找。

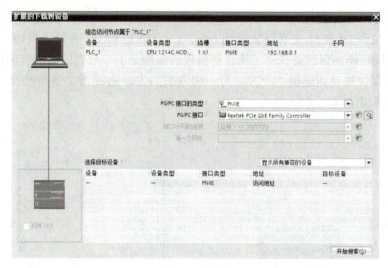

图 4-14　下载

3. 程序编制

硬件组态下载、调试完成后，就可以开始程序编制了。找到项目树中所添加设备下方的"程序块"文件夹，打开该文件夹，双击打开 Main［OB1］，如图 4-15 所示，然后就可以在 OB1 中进行控制程序编程了。

编程结束后，点击上方的"下载到设备"按钮，即可把 OB1 程序下到 PLC 中，然后就可以在线调试、设备运行了。

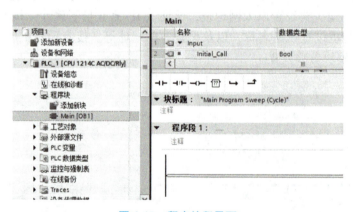

图 4-15　程序编程界面

四、位逻辑指令

S7-1200 PLC 支持的编程语言有梯形图（LAD）、结构化控制语言（SCL）以及函数块图（FDB），其中以梯形图（LAD）使用最为广泛，也最容易被初学者接受。梯形图（LAD）编程语言是通过各种指令进行组合，从而完成一定功能。下面针对该语言所涉及的最基本指令——位逻辑指令进行介绍。

在 OB1 程序编辑器中，点击最右边的竖条"指令"按钮，找到"基本指令"下的"位逻辑运算"文件夹，如图 4-16 位逻辑指令所示，可以看到全部位逻辑指令。

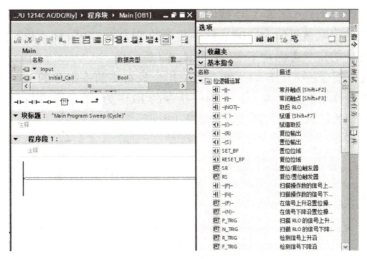

图 4-16 位逻辑指令

（1）常开触点　如果指定位为 0 状态（无信号输入）时断开，则指定位为 1 状态（有信号输入）时闭合。

（2）常闭触点　与常开触点相反，如果指定位为 0 状态（无信号输入）时闭合，则指定位为 1 状态（有信号输入）时断开。

以上两个触点串联为逻辑"与"操作，两个触点并联为逻辑"或"操作。逻辑"与"操作：当所有的输入信号都为"1"，则输出为"1"；只要输入信号有一个不为"1"，则输出为"0"。如图 4-17a 所示。逻辑"或"操作：有一个输入信号为"1"，则输出为"1"；所有输入信号都不为"1"，则输出为"0"。如图 4-17b 所示。

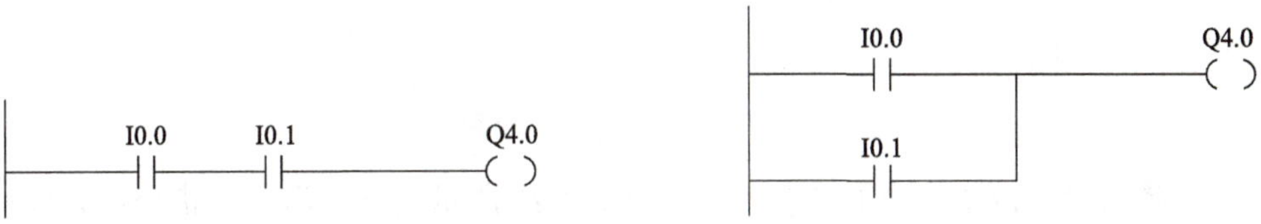

图 4-17　"与" "或" 指令梯形图

（3）逻辑取反 RLO 指令---｜NOT｜---　RLO 是逻辑运算结果的简称，取反 RLO 指令也就对是前面的 RLO 取非值。如图 4-18 所示，如果 I0.0 与 I0.1 的逻辑运算结果为"1"，则经过取反 RLO 指令后，输出 Q0.0 结果为"0"；如果 I0.0 与 I0.1 的逻辑运算结果为"0"，则经过取反 RLO 指令后，输出 Q0.0 结果为"1"。

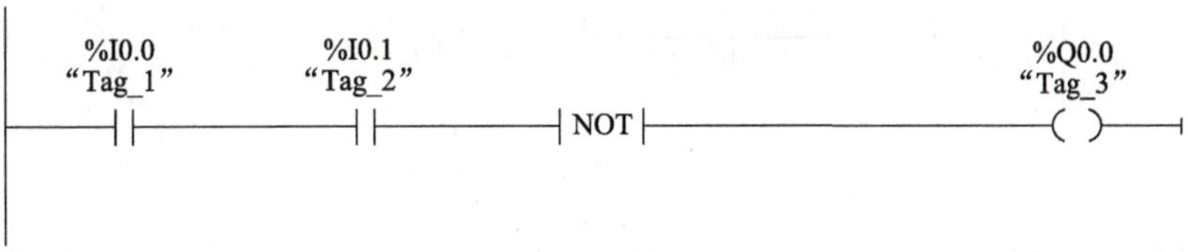

图 4-18　"取反" 指令梯形图

(4) 线圈复位指令---（R） 线圈复位指令只有在前一指令的 RLO 为"1"时，才能执行，（R）处的位则被复位为"0"。前一指令的 RLO 为"0"则不执行复位操作，并且（R）处的指定地址的位状态保持不变。如图 4-19a 所示。

(5) 线圈置位指令---（S） 线圈置位指令只有在前一指令的 RLO 为"1"时，才能执行，（S）处的位则被置位为"1"。前一指令的 RLO 为"0"则不执行置位操作，并且（S）处的指定地址的位状态保持不变。如图 4-19b 所示。

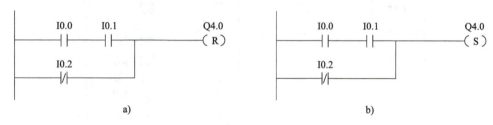

图 4-19 "复位""置位"指令梯形图

(6) 上升沿检测指令---（P）--- 如图 4-20 所示，上升沿检测指令可以检测地址从"0"到"1"的信号变化，并在操作之后显示 RLO = "1"。将 RLO 的当前信号状态与"边沿存储位"地址的信号状态进行比较。如果操作之前地址的信号状态为"0"，并且 RLO 为"1"，则在操作之后，RLO 将为"1"（脉冲），运算结果不保持，所有其他的情况为"0"。操作之前的 RLO 存储在 M0.0 地址中。

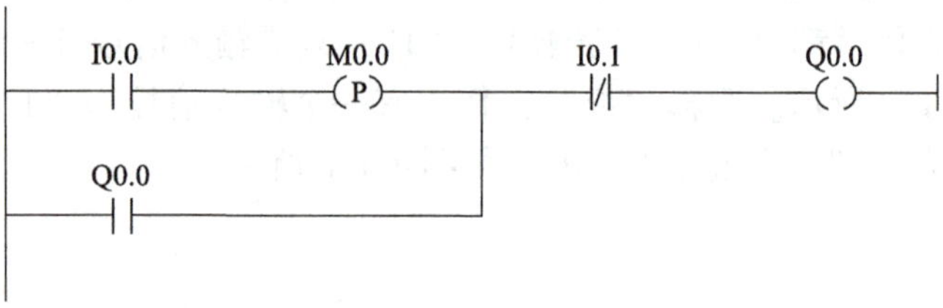

图 4-20 "上升沿"指令梯形图

(7) 下降沿检测指令---（N）--- 如图 4-21 所示，下降沿检测指令可以检测地址从"1"到"0"的信号变化，并在操作之后显示 RLO = "1"。将 RLO 的当前信号状态与"边沿存储位"地址的信号状态进行比较。如果操作之前地址的信号状态为"1"，并且 RLO 为"0"，则在操作之后，RLO 将为"1"（脉冲），运算结果不保持，所有其他的情况为"0"。操作之前的 RLO 存储在 M0.0 地址中。

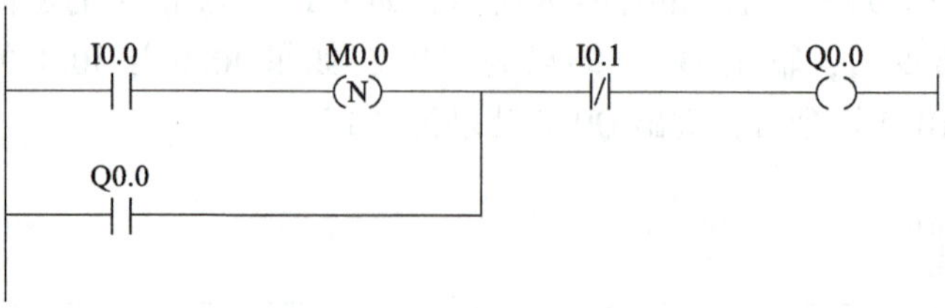

图 4-21 "下降沿"指令梯形图

(8) 中间输出指令---（#）--- 如图 4-22 所示，中间输出指令可以将指令之前的逻辑运算结果保存到指定的地址。与其他接点并联时，(#) 可以像一个接点那样插入。(#) 元素绝不能连接到电源线上或直接连接到一个分支连接的后面或一个分支的末尾。M0.0 是 I0.0 常开触点和 I0.1 常闭触点的串联结果，而 M0.1 是 I0.0 常开触点和 I0.1 常闭触点以及 I0.2 常开触点的串联结果。

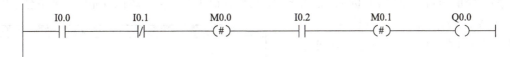

图 4-22 "中间输出指令"指令梯形图

五、用户程序结构

为了便于用户程序的编写，同时提高程序的可读性、通用性、协作性等，达到将复杂的自动化任务划分为若干子任务，从而引出程序结构的概念。用户程序中所涉及的块包括组织块（OB）、函数块（FB）、函数（FC）和数据块（DB），这些块可以通过在 TIA 博途软件中的项目树下方的"程序块"文件夹下的"添加新块"进行生成，如图 4-23 添加新块图所示。

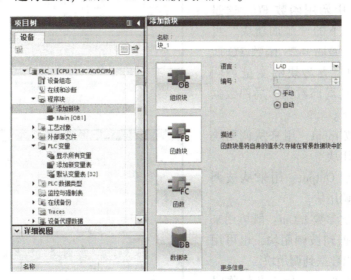

图 4-23 添加新块图

1. 组织块（OB）

组织块（Organization Block）是操作系统与用户程序的连接块，由操作系统直接调用扫描，用户可以在组织块里编写用户程序。组织块的种类也较多，分别起到不同的作用。例如最常用的组织块是程序循环组织块 OB1，它也是用户程序的主程序，前面在讲 PLC 工作原理时提到的循环扫描工作方式，其中程序执行阶段主要就是执行 OB1 中的程序。

除了 OB1 块，常用的组织块还包括启动组织块 OB100、延时中断组织块 OB20、循环中断组织块 OB30 和硬件中断组织块 OB40 等。

2. 函数块（FB）

函数块（Function Block）相对于组织块 OB1 来说，也是 OB1 的子程序，可以在 OB1 或者其他块中调用函数块 FB。通过"程序块"文件夹下的"添加新块"可以直接生成 FB，如图 4-24 函数块 FB 所示，观察它的变量声明表，可以发现多了一个名称为静态变量 Static 的变量。静态变量 Static 和临时变量 Temp 相比，它可以存储中间变量，块执行完后数据不会丢失。

函数 FC 和函数块 FB 都作为子程序使用，但在调用它们时，是有不同的，其中在调用函数块 FB 时，会生成背景数据块 DB，如图 4-26 调用 FC 和 FB 对比图所示，FB1 上方多了一个背景数据块 DB1。背景数据块用来保存该函数块 FB 的局部变量数据（输入、输出参数和静态变量）。

3. 函数（FC）

函数（Function）相对于组织块 OB1 来说，它是 OB1 的子程序，可以在 OB1 或者其他块中调用函数 FC。通过"程序块"文件夹下的"添加新块"可以直接生成 FC，如图 4-25 函数 FC 所示，其中界面的上方为块的变量声明表，用来说明块的局部数据。局部数据的类型和作用如下。

1）输入参数 Input：用来从调用块输入数据到被调用块。

2）输出参数 Output：用来从被调用块输出数据到调用块。

3）输入/输出参数 InOut：既可用来从调用块输入数据到被调用块，也可用来从被调用块输出数据到调用块。

4）临时变量 Temp：用于存储临时中间结果的变量，块执行完后，变量不保存。

5）常量 Constant：在块中定义常数。

4. 数据块（DB）

数据块（Data Block）用来存放执行程序所使用的数据，它分为全局数据块和背景数据块。背景数据块伴随着调用函数块 FB 而生成使用。全局数据块直接通过"程序块"文件夹下的"添加新块"来直接生成，存储的数据可供所有的 OB、FB、FC 使用。

图 4-24　函数块 FB

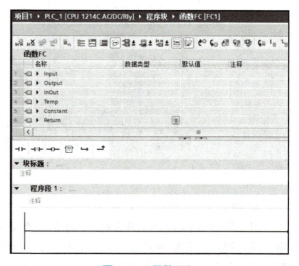

图 4-25　函数 FC

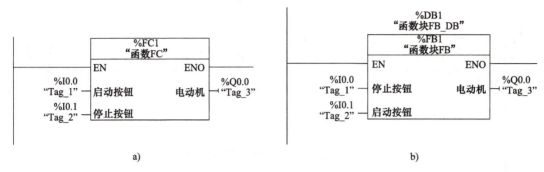

图 4-26 调用 FC 和 FB 对比图

六、编程方法

1. 编程技术

（1）线性化编程　线性化编程就是将用户程序连续放置在一个程序块内，即一个简单的程序块内包含系统的所有指令。这种方法和 PLC 所代替的硬接继电器控制类似，CPU 逐条地处理指令。线性化编程不带分支，通常是 OB1 中的程序按顺序执行每一条指令，软件管理的功能相对简单。

（2）模块化编程　模块化编程是把一项控制任务分成若干个独立的块，每个块用于控制一套设备或一系列工作的逻辑指令。一般把常用的功能编写成 FC 或 FB 块；而这些块的运行靠在 OB 块或其他 FC 和 FB 块中用指令来调用。

（3）结构化编程　结构化程序把过程要求的类似或相关的功能进行分类，并提供可以用于几个任务的通用解决方案。以参数形式向指令块提供有关信息，结构化程序能够重复利用这些通用模块。

2. 编程方法

针对梯形图编程，常使用的编程方法有经验设计法和顺序控制设计法。

（1）经验设计法　经验法没有固定的方法和步骤可以遵循，具有很大的变动性和随意性，借助大量的中间单元来完成记忆、连锁、互锁等功能，前后程序交织在一起，阅读及调试时有一定难度，与编程者的经验有很大关系。

（2）顺序控制设计法　顺序控制设计法就是按照生产工艺预先规定的顺序，在各个输入信号的作用下，根据内部状态和时间的顺序，在生产过程中各个执行机构自动地有秩序地进行操作。

举例说明编程方法：按下启动按钮（I0.0），实现气缸伸出（Q0.0）与缩回（Q0.1）自动循环运动，气缸两端分别安装有伸出位置传感器（I1.0）和缩回位置传感器（I1.1）。

图 4-27 为经验设计法，利用编程者经验，需要瞻前顾后，考虑周全。图 4-28 为顺序控制设计法，借助转换条件中间变量的置位和复位指令，保证只执行当前程序段，前后互不干扰。

七、物料识别动作

1. 分拣机构分析

分拣机构的电气连接图如图 4-29 所示，气动原理图如图 4-30 所示。I/O 分配在项目开

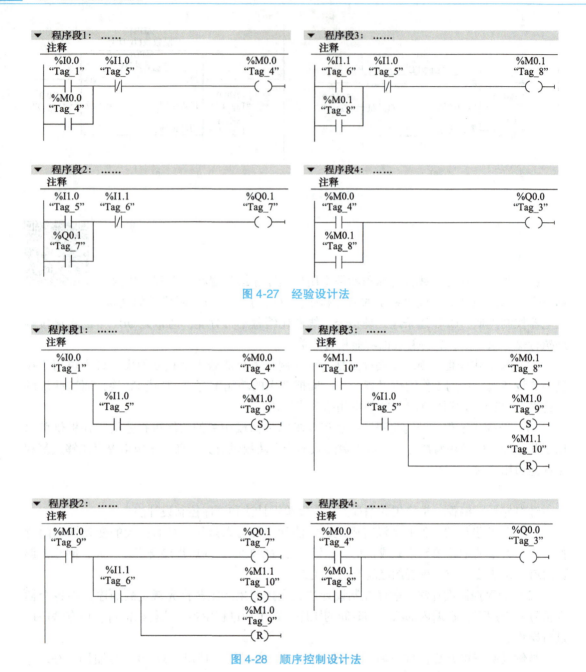

图 4-27 经验设计法

图 4-28 顺序控制设计法

始的控制要求一项中已给出。

从图 4-29 所示的电气连接图中可以看到，PLC 输入端子与传感器相连，其中 PART_AV 传感器和 3B1 传感器为光电传感器，1B1、1B2、1B3、2B1、2B2 传感器为磁性开关。PLC 输出端子与电磁阀线圈相连，电磁阀线圈通断实现电磁阀换向来控制着气缸的伸出和缩回动作，其中 1M1 和 1M2 电磁阀线圈控制着无杆气缸左右运动，2M1 控制扁平气缸伸出或缩回，3M1 控制扁平气缸夹爪打开和关闭。

项目四 分拣机构

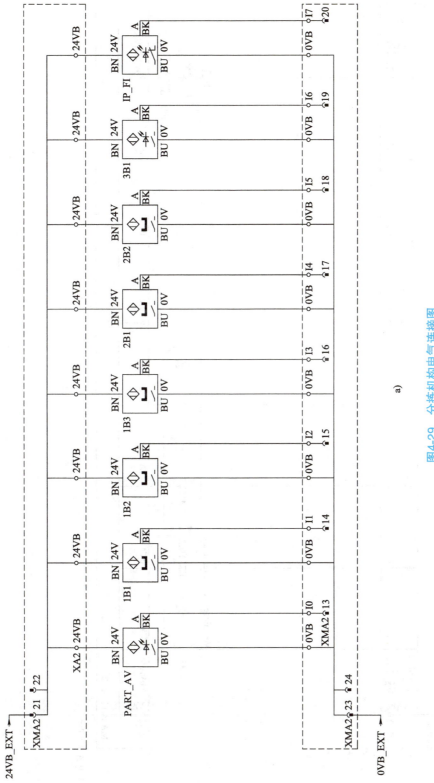

图4-29 分拣机构电气连接图
a)

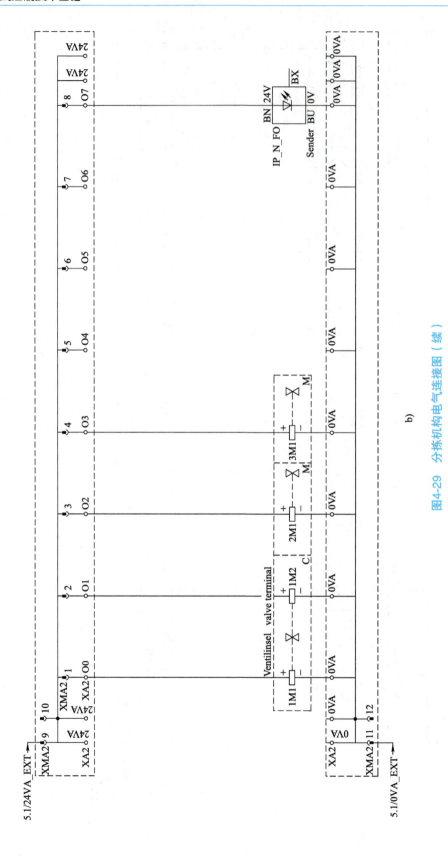

图4-29 分拣机构电气连接图（续）

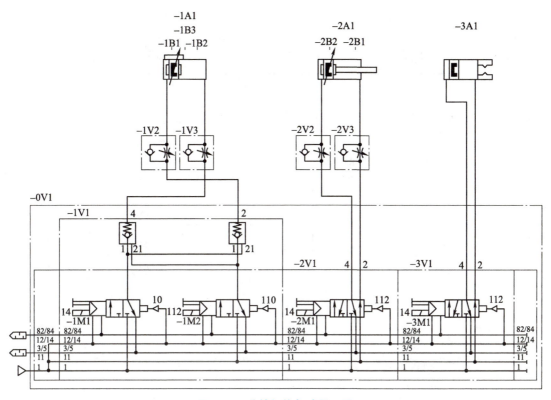

图 4-30 分拣机构气动原理图

2. 物料识别动作

控制要求：分拣机构的第一个动作是物料识别，要求按下起动按钮，开始判断支架料台是否有工件，若无工件，则不动作；若有工件，扁平气缸抓手沿着无杆气缸滑轨移动到初始位置，接着抓手打开，并伸出抓手，到位后，抓手处传感器检测工件颜色，若为黑色，等待指示灯亮，若为非黑色，复位指示灯亮。

（1）I/O 设置　输入设置：检测支架料台上是否有工件传感器：I0.0，检测无杆气缸滑轨在初始位置传感器：I0.1，检测扁平气缸抓手在伸出位置传感器：I0.4，检测扁平气缸抓手在缩回位置传感器：I0.5，检测是否红色、金属或黑色工件传感器：I0.6，起动按钮 I1.0。

输出设置：扁平气缸抓手左移：Q0.0，扁平气缸抓手右移：Q0.1，扁平气缸抓手伸出：Q0.2，扁平气缸抓手夹紧：Q0.3，复位指示灯：Q1.1，等待指示灯：Q1.2。

分析：检测支架料台上是否有工件的传感器和检测是否红色、金属或黑色工件的传感器采用的是相同的传感器，两者可以有不同的用途，区别在于传感器的灵敏度设置差异。

（2）运行程序编制　使用线性化编程技术，直接在 OB1 中编程。物料识别程序如图 4-31 所示。

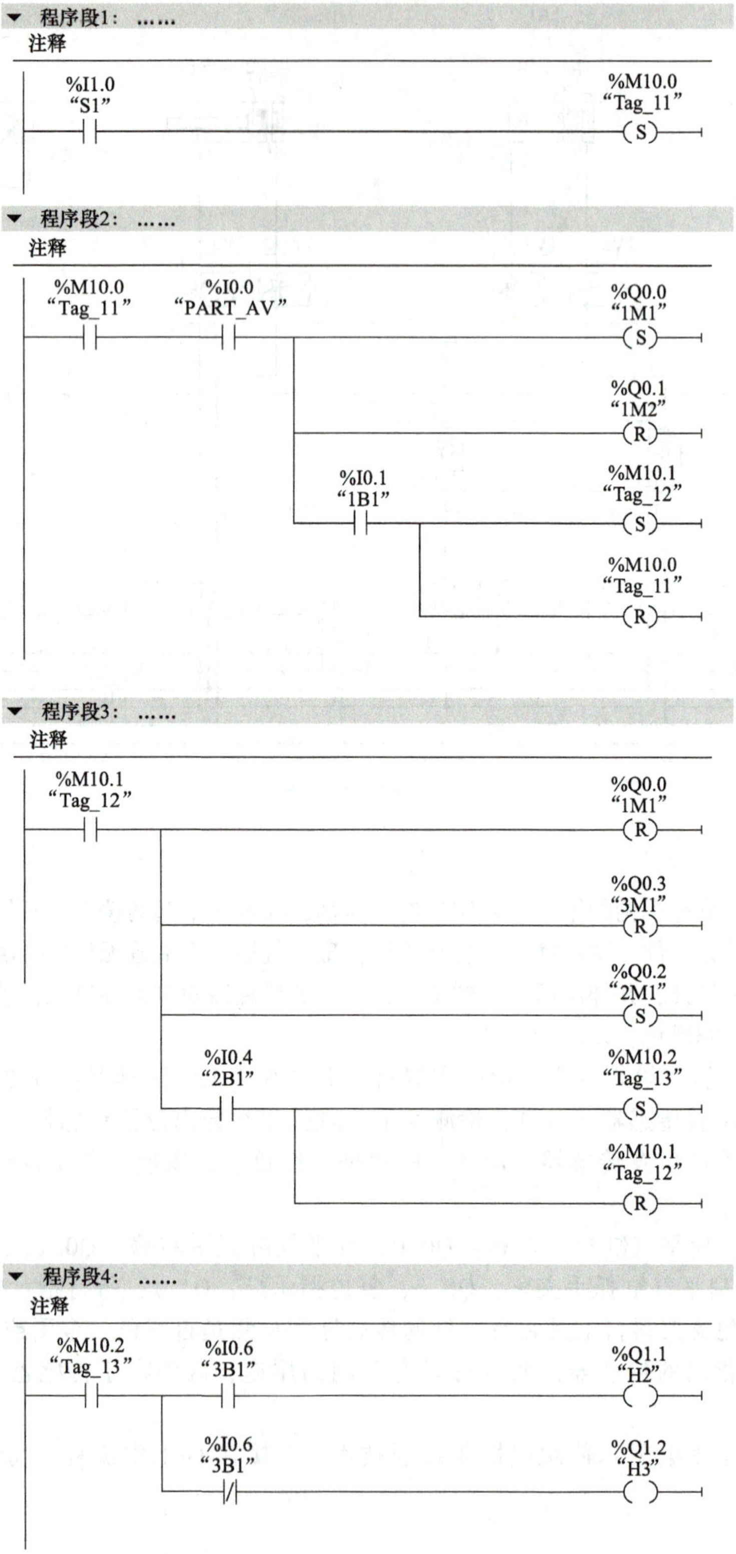

▼ 程序段1：……
　注释

```
  %I1.0                                              %M10.0
  "S1"                                               "Tag_11"
───┤├─────────────────────────────────────────────────( S )───
```

▼ 程序段2：……
　注释

```
  %M10.0     %I0.0                                   %Q0.0
  "Tag_11"   "PART_AV"                               "1M1"
───┤├────────┤├──┬──────────────────────────────────( S )───
                 │                                   %Q0.1
                 │                                   "1M2"
                 ├──────────────────────────────────( R )───
                 │   %I0.1                           %M10.1
                 │   "1B1"                           "Tag_12"
                 └────┤├──┬───────────────────────( S )───
                         │                           %M10.0
                         │                           "Tag_11"
                         └─────────────────────────( R )───
```

▼ 程序段3：……
　注释

```
  %M10.1                                             %Q0.0
  "Tag_12"                                           "1M1"
───┤├──┬──────────────────────────────────────────( R )───
       │                                             %Q0.3
       │                                             "3M1"
       ├──────────────────────────────────────────( R )───
       │                                             %Q0.2
       │                                             "2M1"
       ├──────────────────────────────────────────( S )───
       │   %I0.4                                     %M10.2
       │   "2B1"                                     "Tag_13"
       └────┤├──┬─────────────────────────────────( S )───
                │                                    %M10.1
                │                                    "Tag_12"
                └──────────────────────────────────( R )───
```

▼ 程序段4：……
　注释

```
  %M10.2     %I0.6                                   %Q1.1
  "Tag_13"   "3B1"                                   "H2"
───┤├────┬────┤├───────────────────────────────────(   )───
         │  %I0.6                                    %Q1.2
         │  "3B1"                                    "H3"
         └────┤/├───────────────────────────────────(   )───
```

图 4-31　物料识别程序

任务工单

任务工单 4-2　物料识别

姓　名		学　　院		专　业	
小组成员				组　长	
指导教师		日　　期		成　绩	

任务目标

学习西门子 S7-1200PLC 的基本使用方法，熟悉 S7-1200PLC 硬件模块、位逻辑指令、用户程序结构、编程方法以及 TIA 博途的使用等，能够编程调试出分拣机构的物料识别功能。

信息收集	成绩：

1）熟悉 S7-1200 PLC 硬件模块。

2）了解 TIA 博途的使用。

3）熟悉位逻辑指令。

4）了解 S7-1200 用户程序结构。

5）了解 S7-1200 常用编程方法。

任务实施	成绩：

1）S7-1200 PLC 的硬件系统主要包括什么？

2）信号模块包括哪些模块，安装到 CPU 模块的什么位置？

3）按下起动按钮 I1.0，LED1（Q1.0）灯亮，按下停止按钮 I1.1，LED1 灯灭。用梯形图完成编程。

4）用户程序中所涉及的块包括哪些类型？

5）把编程调试好的物料识别动作写在下面。

(续)

成果展示及评价		成绩：	
自 评		互 评	师 评
教师建议及改进措施			

评价反馈	成绩：

根据自己在课堂中的实际表现进行自我反思和自我评价。
自我反思：

自我评价：

任务评价表

评价项目	评价标准	配分	得分
信息收集	完成信息收集	15	
任务实施	任务实施过程评价	40	
成果展示及评价	任务实施成果评价	40	
评价反馈	能对自身客观评价和发现问题	5	
总分		100	
教师评语			

任务 3　取料

任务描述

本任务主要是学习定时器指令、计数器指令以及 S7-1200 调试方法等，目的是使学生能够编程调试出分拣机构的取料动作。培养学生操作能力、分析解决问题能力、团队协作意识以及逻辑思维能力。

任务目标

1）能运用定时器指令编程。
2）能运用计数器指令编程。
3）能运用 S7-1200 调试方法调试程序。
4）能完成取料动作编程调试。

任务实施

为了更好地完成分拣机构的取料任务，需依次完成以下活动。

一、定时器指令

在西门子 PLC 中常用的定时器标准有 S7 定时器和 IEC 定时器。IEC 定时器通过函数块实现，如接通延迟定时器 TON 使用函数块 SFB4。IEC 定时器使用时没有数量限制，S7 定时器会受限制。S7-1200 PLC 只支持 IEC 定时器，不支持 S7 定时器。

S7-1200 的定时器包括：通电延时定时器（TON）、断电延时定时器（TOF）、通电延时保持性定时器（TONR）和脉冲定时器（TP）。

1. 通电延时定时器（TON）

通电延时定时器（TON）有两种表示形式：线框指令和线圈指令，分别介绍如下。

（1）通电延时定时器（TON）线框指令　图 4-32 所示为通电延时定时器（TON）线框指令的应用，表 4-3 为通电延时定时器（TON）管脚参数表，图 4-33 所示为通电延时定时器（TON）波形图。使用通电延时定时器（TON）指令将 Q 管脚输出的设置延时用 PT 指定一段时间。当输入 IN 的逻辑运算结果（RLO）从"0"变为"1"（信号上升沿）时，启动该指令。指令启动时，预设的时间 PT 即开始计时。超出时间 PT 之后，输出 Q 的信号状态将变为"1"。只要启动输入仍为"1"，输出 Q 就保持置位。启动输入的信号状态从"1"变为"0"时，将复位输出 Q。在启动输入检测到新的信号上升沿时，该定时器功能将再次启动。

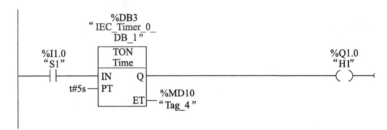

图 4-32　通电延时定时器（TON）线框指令应用

表 4-3　通电延时定时器（TON）管脚参数

参数	声明	数据类型	存储区	说明
IN	Input	BOOL	I、Q、M、D、L 或常量	启动输入
PT	Input	TIME	I、Q、M、D、L 或常量	接通延时的持续时间,PT 参数的值必须为正数
Q	Output	BOOL	I、Q、M、D、L	超过时间 PT 后,置位的输出
ET	Output	TIME	I、Q、M、D、L	当前时间值

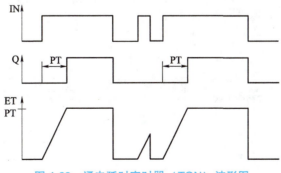

图 4-33　通电延时定时器（TON）波形图

可以在 ET 输出查询当前的时间值。该定时器值从 t#0s 开始，在达到持续时间值 PT 后结束。只要输入 IN 的信号状态变为"0"，输出 ET 就复位。

（2）通电延时定时器（TON）线圈指令　通电延时定时器（TON）线圈指令与通电延时定时器（TON）线框指令用途一样，图 4-34 所示为通电延时定时器（TON）线圈指令的应用。在使用通电延时定时器（TON）线圈指令时，指令以数据类型为 IEC_TIMER 或 TON_TIME 的结构存储其数据，可以采用如下声明此结构：一是声明为一个系统数据类型为 IEC_TIMER 的数据块（例如，"DB4"）；二是声明为块中"Static"部分的 TON_TIME 或 IEC_TIMER 类型的局部变量。

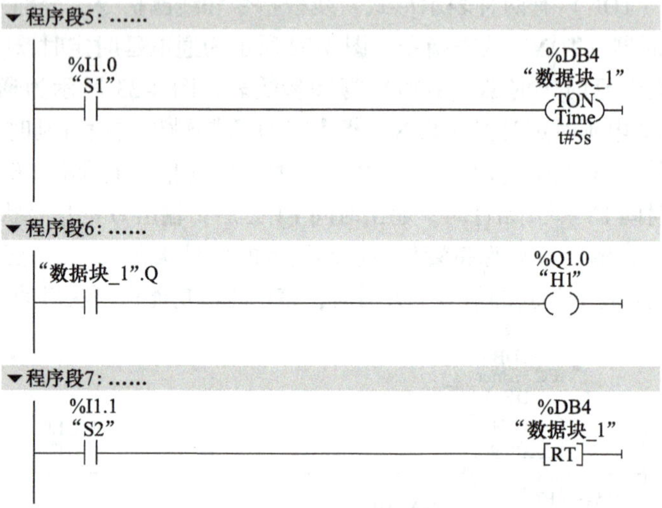

▼ 程序段5：……

```
  %I1.0                                    %DB4
  "S1"                                   "数据块_1"
───┤ ├──────────────────────────────────────(TON)──
                                            Time
                                            t#5s
```

▼ 程序段6：……

```
  "数据块_1".Q                              %Q1.0
                                            "H1"
───┤ ├──────────────────────────────────────( )──
```

▼ 程序段7：……

```
  %I1.1                                    %DB4
  "S2"                                   "数据块_1"
───┤ ├──────────────────────────────────────[RT]──
```

图 4-34　通电延时定时器（TON）线圈指令应用

在使用图 4-34 中的定时器线圈指令时，要在项目树的"程序块"文件夹，添加新数据块，数据块的类型选择"IEC_TIMER"，生成的数据块 DB4 如图 4-35 所示，里面的参数与表 4-3 一致，使用方法也一样。图 4-34 中的程序段 5 中的线圈指令和程序段 6 中的常开触点"数据块_1".Q 配合使用，程序段 7 是一个定时器复位控制，对 DB4 定时器进行复位。

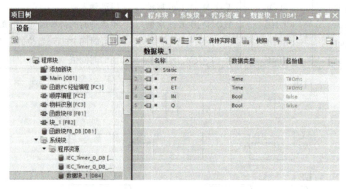

图 4-35　数据块 DB4

2. 断电延时定时器（TOF）

断电延时定时器（TOF）有两种表示形式：线框指令和线圈指令，分别介绍如下。

（1）断电延时定时器（TOF）线框指令 图 4-36 所示为断电延时定时器（TOF）线框指令的应用，表 4-4 为断电延时定时器（TOF）管脚参数表，图 4-37 所示为断电延时定时器（TOF）波形图。使用断电延时定时器（TOF）指令将 Q 管脚输出的复位延时用 PT 指定一段时间。当输入 IN 的逻辑运算结果（RLO）从"0"变为"1"（信号上升沿）时，将置位 Q 输出。当输入 IN 处的信号状态变回"0"时，预设的时间 PT 开始计时。只要 PT 持续时间仍在计时，输出 Q 就保持置位。持续时间 PT 计时结束后，将复位输出 Q。如果输入 IN 的信号状态在持续时间 PT 计时结束之前变为"1"，则复位定时器。输出 Q 的信号状态仍将为"1"。

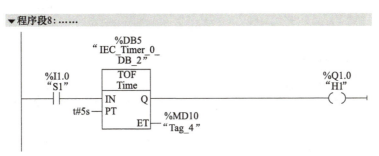

图 4-36　断电延时定时器（TOF）线框指令应用

表 4-4　断电延时定时器（TOF）管脚参数

参数	声明	数据类型	存储区	说明
IN	Input	BOOL	I、Q、M、D、L 或常量	启动输入
PT	Input	TIME	I、Q、M、D、L 或常量	关断延时的持续时间，PT 参数的值必须为正数
Q	Output	BOOL	I、Q、M、D、L	超出时间 PT 时复位的输出
ET	Output	TIME	I、Q、M、D、L	当前时间值

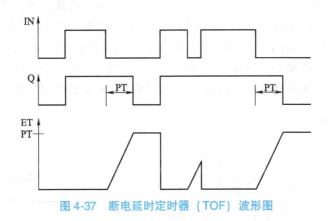

图 4-37　断电延时定时器（TOF）波形图

可以在 ET 输出查询当前的时间值。该定时器值从 t#0s 开始，在达到持续时间值 PT 后结束。当持续时间 PT 计时结束后，在输入 IN 变回"1"之前，输出 ET 会保持被设置为当前值的状态。在持续时间 PT 计时结束之前，如果输入 IN 的信号状态切换为"1"，则将 ET

输出复位为值 t#0s。

（2）断电延时定时器（TOF）线圈指令　断电延时定时器（TOF）线圈指令与断电延时定时器（TOF）线框指令用途一样，图 4-38 所示为断电延时定时器（TOF）线圈指令的应用。

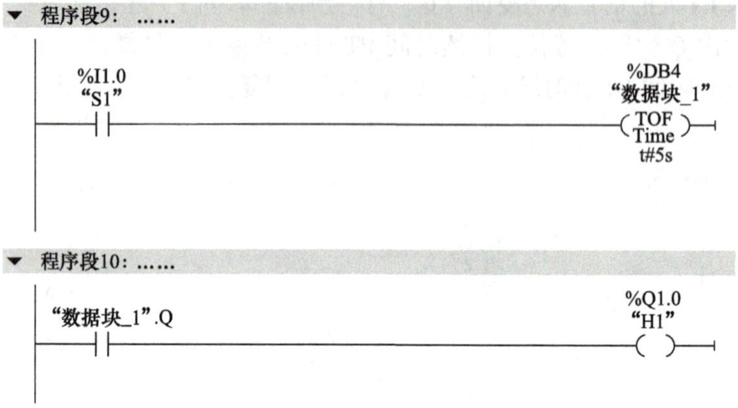

程序段9：……
%I1.0
"S1"
%DB4
"数据块_1"
TOF
Time
t#5s
程序段10：……
"数据块_1".Q
%Q1.0
"H1"

图 4-38　断电延时定时器（TOF）线圈指令应用

断电延时定时器（TOF）线圈指令的建立和使用，可参照上面的通电延时定时器（TON）线圈指令，在这里不再赘述。

3. 通电延时保持性定时器（TONR）

通电延时保持性定时器（TONR）有两种表示形式：线框指令和线圈指令，下面以线框指令重点介绍如下。

图 4-39 所示为通电延时保持性定时器（TONR）指令的应用，表 4-5 为通电延时保持性定时器（TONR）管脚参数表，图 4-40 所示为通电延时保持性定时器（TONR）波形图。可以使用通电延时保持性定时器（TONR）指令来累加由参数 PT 设定的时间段内的时间值。输入 IN 的信号状态从“0”变为“1”（信号上升沿）时，将执行该指令，同时时间值 PT 开始计时。当 PT 正在计时时，加上在 IN 输入的信号状态为“1”时记录的时间值。累加得到的时间值将写入到输出 ET 中，并可以在此进行查询。持续时间 PT 计时结束后，输出 Q 的信号状态为“1”。即使 IN 参数的信号状态从“1”变为“0”（信号下降沿），Q 参数仍将保持置位为“1”。无论启动输入的信号状态如何，输入 R 都将复位输出 ET 和 Q。

程序段11：……
%DB6
"IEC_Timer_0_DB_3"
TONR
Time
%I1.0
"S1"
IN
Q
%Q1.0
"H1"
%I1.1
"S2"
R
ET
%MD10
"Tag_4"
t#5s
PT

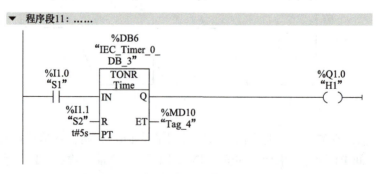

图 4-39　通电延时保持性定时器（TONR）指令应用

表 4-5　通电延时保持性定时器（TONR）管脚参数

参数	声明	数据类型	存储区	说明
IN	Input	BOOL	I、Q、M、D、L 或常量	启动输入
R	Input	BOOL	I、Q、M、D、L 或常量	复位输入
PT	Input	TIME	I、Q、M、D、L 或常量	时间记录的最长持续时间,PT 参数的值必须为正数
Q	Output	BOOL	I、Q、M、D、L	超出时间值 PT 之后要置位的输出
ET	Output	TIME	I、Q、M、D、L	累计的时间

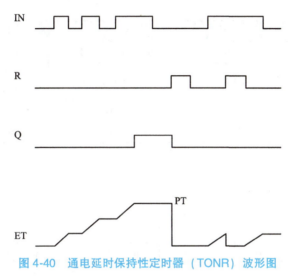

图 4-40　通电延时保持性定时器（TONR）波形图

以图 4-39 所示程序为例，该通电延时保持性定时器（TONR）当 IN 输入端的触点 I1.0 总计闭合 5s 以上后，该通电延时保持性定时器（TONR）输出端 Q 信号状态为 "1"，其中 I1.0 的闭合可以是不连续的闭合，比如 I1.0 先闭合 2s，断开一段时间后，再闭合 3s，累计时间达到 5s 后就会有输出，这就是通电延时保持性定时器（TONR）与前面的通电延时保持性定时器（TONR）的不同。

4. 脉冲定时器（TP）

脉冲定时器（TP）有两种表示形式：线框指令和线圈指令，下面以线框指令重点介绍如下。

图 4-41 所示为脉冲定时器（TP）指令的应用，表 4-6 为脉冲定时器（TP）管脚参数表，图 4-42 所示为脉冲定时器（TP）波形图。使用脉冲定时器（TP）指令，可以将输出 Q 置位为预设的一段时间。当输入 IN 的逻辑运算结果（RLO）从 "0" 变为 "1"（信号上升沿）时，启动该指令。指令启动时，预设的时间 PT 即开始计时。无论后续输入信号的状态如何变化，都将输出 Q 置位由 PT 指定的一段时间。PT 持续时间正在计时时，即使检测到新的信号上升沿，输出 Q 的信号状态也不会受到影响。

可以扫描 ET 输出处的当前时间值。该定时器值从 t#0s 开始，在达到持续时间值 PT 后结束。如果 PT 时间用完且输入 IN 的信号状态为 "0"，则复位 ET 输出。

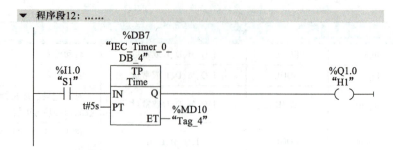

图 4-41 脉冲定时器（TP）指令应用

表 4-6 脉冲定时器（TP）管脚参数

参数	声明	数据类型	存储区	说明
IN	Input	BOOL	I、Q、M、D、L 或常量	启动输入
PT	Input	TIME	I、Q、M、D、L 或常量	脉冲的持续时间，PT 参数的值必须为正数
Q	Output	BOOL	I、Q、M、D、L	脉冲输出
ET	Output	TIME	I、Q、M、D、L	当前时间值

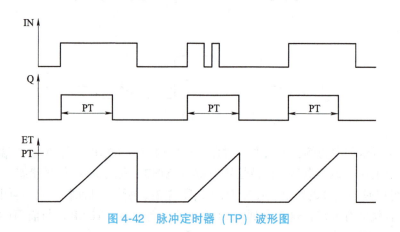

图 4-42 脉冲定时器（TP）波形图

以图 4-41 所示程序为例，该脉冲定时器（TP）的 IN 输入信号的上升沿启动该定时器，也即当输入端信号的触点 I1.0 闭合瞬间，该脉冲定时器（TP）输出端 Q 信号状态为"1"，开始输出脉冲，单个脉冲的长度即为预设值 PT 为 5s 的时长脉冲。如果输入端信号的触点 I1.0 一直闭合状态，则只输出单个脉冲。要想输出多个脉冲，就要让触点 I1.0 断开后再闭合，即可开始新的脉冲输出。

二、计数器指令

在西门子 PLC 中，常用的计数器标准有 S7 计数器和 IEC 计数器，S7-1200 PLC 只支持 IEC 计数器，不支持 S7 计数器。

S7-1200 的计数器包括：加计数器（CTU）、减计数器（CTD）和加减计数器（CTUD）。计数器指令只有线框指令表示形式。

1. 加计数器（CTU）

图 4-43 所示为加计数器（CTU）指令的应用，表 4-7 为加计数器（CTU）管脚参数表。可以使用加计数器（CTU）指令，递增输出 CV 的值。如果输入 CU 的信号状态从"0"变为"1"（信号上升沿），则执行该指令，同时输出 CV 的当前计数器值加 1。每检测到一个信号上升沿，计数器值就会递增，直到达到输出 CV 中所指定数据类型的上限。达到上限时，输入 CU 的信号状态将不再影响该指令。

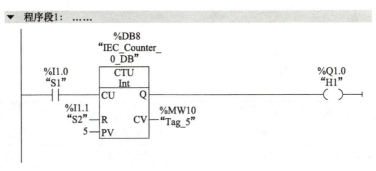

图 4-43　加计数器（CTU）指令应用

表 4-7　加计数器（CTU）参数

参数	声明	数据类型	存储区	说明
CU	Input	BOOL	I、Q、M、D、L 或常数	计数输入
R	Input	BOOL	I、Q、M、D、L、P 或常数	复位输入
PV	Input	整数	I、Q、M、D、L、P 或常数	置位输出 Q 的值
Q	Output	BOOL	I、Q、M、D、L	计数器状态
CV	Output	整数、CHAR、WCHAR、DATE	I、Q、M、D、L、P	当前计数器值

可以查询 Q 输出中的计数器状态。输出 Q 的信号状态由参数 PV 决定。如果当前计数器值大于或等于参数 PV 的值，则将输出 Q 的信号状态置位为"1"。在其他任何情况下，输出 Q 的信号状态均为"0"。

输入 R 的信号状态变为"1"时，输出 CV 的值被复位为"0"。只要输入 R 的信号状态仍为"1"，输入 CU 的信号状态就不会影响该指令。

以图 4-43 所示的加计数器（CTU）指令应用程序为例，每当输入信号 I1.0 由"0"变为"1"的瞬间，计数器的计数值 CV 加 1，当 CV 当前值大于等于预设值 PV 为 5 时，计数器指令输出端 Q 变为"1"状态，也即 Q1.0 接通。

2. 减计数器（CTD）

图 4-44 所示为减计数器（CTD）指令的应用，表 4-8 为减计数器（CTD）管脚参数表。可以使用减计数器（CTD）指令，递减输出 CV 的值。如果输入 CD 的信号状态从"0"变为"1"（信号上升沿），则执行该指令，同时输出 CV 的当前计数器值减 1。每检测到一个信号上升沿，计数器值就会递减 1，直到达到指定数据类型的下限为止。达到下限时，输入 CD 的信号状态将不再影响该指令。

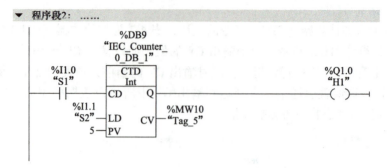

图 4-44 减计数器（CTD）指令应用

表 4-8 减计数器（CTD）管脚参数

参数	声明	数据类型	存储区	说明
CD	Input	BOOL	I、Q、M、D、L 或常数	计数输入
LD	Input	BOOL	I、Q、M、D、L、P 或常数	装载输入
PV	Input	整数	I、Q、M、D、L、P 或常数	使用 LD = 1 置位输出 CV 的目标值
Q	Output	BOOL	I、Q、M、D、L	计数器状态
CV	Output	整数、CHAR、WCHAR、DATE	I、Q、M、D、L、P	当前计数器值

可以查询 Q 输出中的计数器状态。如果当前计数器值小于或等于"0"，则 Q 输出的信号状态将置位为"1"。在其他任何情况下，输出 Q 的信号状态均为"0"。

输入 LD 的信号状态变为"1"时，将输出 CV 的值设置为参数 PV 的值。只要输入 LD 的信号状态仍为"1"，输入 CD 的信号状态就不会影响该指令。

以图 4-44 所示的减计数器（CTD）指令应用程序为例，先接通一下 I1.1，将输出 CV 的值设置为参数 PV 的值 5，再断开 I1.1。然后每当输入信号 I1.0 由"0"变为"1"的瞬间，计数器的计数值 CV 减 1，当 CV 当前值小于或等于"0"，则 Q 输出的信号状态将置位为"1"，也即 Q1.0 接通。

3. 加减计数器（CTUD）

图 4-45 所示为加减计数器（CTUD）指令的应用，表 4-9 为加减计数器（CTUD）管脚参数表。可以使用加减计数器（CTUD）指令，递增和递减输出 CV 的计数器值。如果输入 CU 的信号状态从"0"变为"1"（信号上升沿），则当前计数器值加 1 并存储在输出 CV 中。如果输入 CD 的信号状态从"0"变为"1"（信号上升沿），则输出 CV 的计数器值减 1。如果在一个程序周期内，输入 CU 和 CD 都出现信号上升沿，则输出 CV 的当前计数器值保持不变。

计数器值可以一直递增，直到其达到输出 CV 处指定数据类型的上限。达到上限后，即使出现信号上升沿，计数器值也不再递增。达到指定数据类型的下限后，计数器值便不再递减。

输入 LD 的信号状态变为"1"时，将输出 CV 的计数器值置位为参数 PV 的值。只要输入 LD 的信号状态仍为"1"，输入 CU 和 CD 的信号状态就不会影响该指令。

当输入 R 的信号状态变为"1"时，将计数器值置位为"0"。只要输入 R 的信号状态仍为"1"，输入 CU、CD 和 LD 信号状态的改变就不会影响"加减计数"指令。

可以在 QU 输出中查询加计数器的状态。如果当前计数器值大于或等于参数 PV 的值，则将输出 QU 的信号状态置位为"1"。在其他任何情况下，输出 QU 的信号状态均为"0"。

可以在 QD 输出中查询减计数器的状态。如果当前计数器值小于或等于"0"，则 QD 输出的信号状态将置位为"1"。在其他任何情况下，输出 QD 的信号状态均为"0"。

以图 4-45 所示的加减计数器（CTUD）指令应用程序为例，它是加计数器（CTU）和减计数器（CTD）的结合体，当输入信号 I1.3 由"0"变为"1"时，计数器管脚 PV 初值 5 被装入计数器 CV；如果输入信号 I1.0 由"0"变为"1"，计数器的计数值 CV 加 1；如果输入信号 I1.1 由"0"变为"1"，计数器的计数值 CV 减 1；如果输入信号 I1.2 由"0"变为"1"，计数器被复位，计数值为 0。可以看出，计数器的当前实时值被保存到了 MW10 中，可以利用这个值去进行其他任务实施。

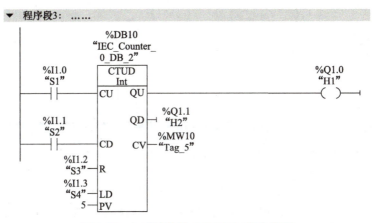

图 4-45　加减计数器（CTUD）指令应用

表 4-9　加减计数器（CTUD）管脚参数

参数	声明	数据类型	存储区	说明
CU	Input	BOOL	I、Q、M、D、L 或常数	加计数输入
CD	Input	BOOL	I、Q、M、D、L 或常数	减计数输入
R	Input	BOOL	I、Q、M、D、L、P 或常数	复位输入
LD	Input	BOOL	I、Q、M、D、L、P 或常数	装载输入
PV	Input	整数	I、Q、M、D、L、P 或常数	输出 QU 被设置的值/LD = 1 的情况下，输出 CV 被设置的值
QU	Output	BOOL	I、Q、M、D、L	加计数器的状态
QD	Output	BOOL	I、Q、M、D、L	减计数器的状态
CV	Output	整数、CHAR、WCHAR、DATE	I、Q、M、D、L、P	当前计数器值

三、调试方法

在程序编写完成后，为了保证程序的正确性和可靠性，还需要进行程序调试。下面对 S7-1200 调试方法分别介绍如下。

1. 程序信息

用户程序的程序信息用来显示各程序块的调用关系、地址分配表、从属结构和资源信息，可供分析、调试程序所用。打开项目树中的"程序信息"标签，如图4-46程序信息所示，界面所涉及的程序视图标签包括资源、调用结构、从属性结构和分配列表，表4-10所示的程序信息视图应用列表简要列出了每个视图应用情况，下面针对每个视图做详细介绍。

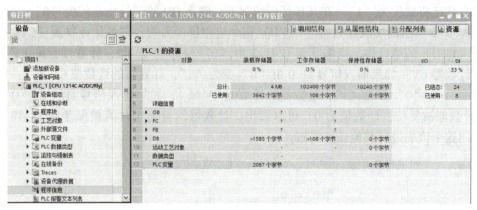

图4-46 程序信息

表4-10 程序信息视图应用列表

视图	应用
资源	显示CPU对象（OB、FC、FB、DB、用户自定义数据类型和PLC变量）、CPU存储区域以及现有I/O模块的硬件资源
调用结构	显示用户程序内块的调用结构并概要说明所用的块及块间的关系
从属性结构	显示用户程序中使用的块的列表。块显示在第一级，调用或使用此块的块缩进排列在其下方。与调用结构不同，实例块单独列出
分配列表	概要说明用户程序中已分配的I、Q和M存储区的地址位。还指示是否通过访问从S7程序中分配了地址或是否已将地址分配给SIMATIC S7模块

（1）资源选项卡　图4-46中显示的是资源选项卡，在资源选项卡中列出了硬件资源的概览。该选项卡中的显示信息取决于所使用的CPU。将显示以下信息：

1）CPU中所用的编程对象（如OB、FC、FB、DB、运动工艺对象、数据类型和PLC变量）。

2）CPU中可用的存储区（装载存储器、工作存储器——根据所使用的CPU分为代码工作存储器和数据工作存储器、保持性存储器）、存储器的最大存储空间以及上述编程对象的应用情况。

3）可为CPU组态的模块（I/O模块、数字量输入模块、数字量输出模块、模拟量输入模块和模拟量输出模块）的I/O，包括已使用的I/O。

（2）调用结构选项卡　图4-47所示为调用结构选项卡，调用结构用于说明S7程序中各个块的调用层级。主要包含以下信息：

1）所使用的块。

2）到块使用位置的跳转。

3）块之间的相互关系。

4）块的局部数据要求。

5)块的状态。

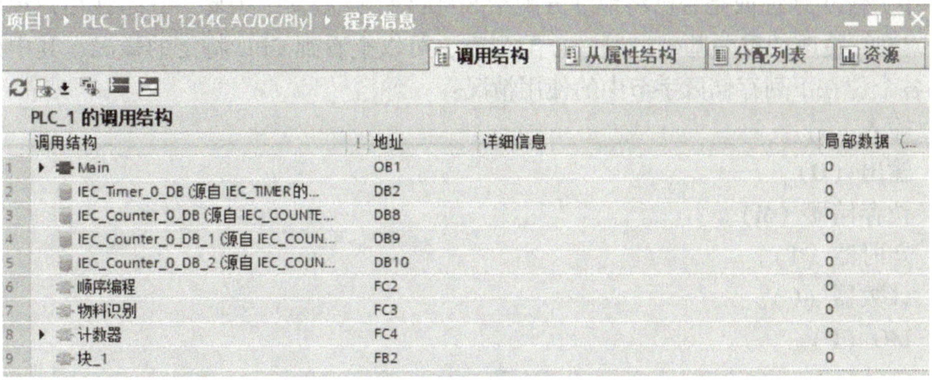

![图4-47 调用结构选项卡]

图 4-47 调用结构选项卡

调用结构将以表格形式显示用户程序中所用的块。调用结构的第一级将彩色高亮显示，指示程序中其他所有块都未调用的块。组织块通常显示在调用结构的第一级。功能、功能块和数据块仅当未被组织块调用时才显示在第一级。当某个块调用其他块或功能时，被调用块或功能以缩进形式列在调用块下。指令和块只有在被某个块调用时，它们才显示在调用结构中。

(3) 从属性结构选项卡　图4-48所示为从属性结构选项卡，从属性结构将显示程序中每个块的相互关系。主要包括以下信息：

1) 显示从属性结构时会显示用户程序中使用的块的列表。如果某个块显示在最左侧，则调用或使用该块的其他块将缩进排列在该块的下方。
2) 从属性结构还会用符号显示单个块的状态。
3) 导致时间戳冲突的对象和可能导致程序中不一致的对象将分别标记为不同的符号。
4) 从属性结构是对象交叉引用列表的扩展。

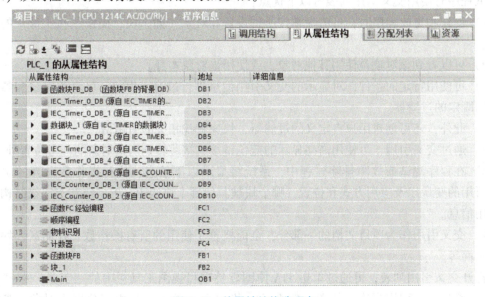

图 4-48 从属性结构选项卡

（4）分配列表选项卡　图 4-49 所示为分配列表选项卡，分配列表显示是否通过访问从 S7 程序中分配了地址或是否已将地址分配给 SIMATIC S7 模块。因此，它是在用户程序中查找错误或进行更改的重要基础。通过分配列表，可以查看到 CPU 特定的概况，其中列出了 CPU 的各个位在下列存储区字节中的使用情况：

1）输入（I）。

2）输出（O）。

3）位存储器（M）。

4）定时器（T）。

5）计数器（C）。

6）I/O（P）。

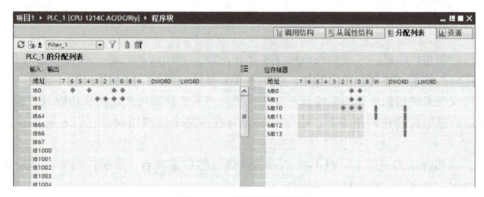

图 4-49　分配列表选项卡

2. 交叉引用

交叉引用列表显示了用户程序中对象和设备的使用概况。在该列表中，可查看对象间的相互依赖关系、相互间关系以及各个对象的所在位置，也可直接跳转到对象的参考位置处。在调试程序时使用交叉引用列表有以下优点：

1）创建和更改程序时，可清晰掌控所用设备和对象（如，块、操作数和变量）的概览信息。

2）可以看到该对象是使用其他对象，或使用该对象本身。

3）可使用特定的条件，对显示的交叉引用信息进行过滤。为此，可对源对象和参考对象使用既定的过滤器。

4）此外，还可创建用户自定义的过滤器，快速查找相关的引用信息。

5）通过交叉引用，可使用高亮显示的蓝色链接直接跳转到所选对象的参考位置处。

6）在程序测试或故障排除过程中，系统将显示以下信息：执行操作数运算的块和命令、所用的变量以及应用方式和位置、哪个块被其他哪个块调用、下一级和上一级结构的交叉引用信息。

7）交叉引用作为项目文档的一部分，全面概览了使用的所有操作数、存储区、块、变量、画面等。

打开交叉引用列表，可通过单击 TIA 博图软件项目视图工具栏中的"工具"—"交叉引用"，弹出交叉引用列表，如图 4-50 所示。图中显示的每一列内容分别为对象、参考位置、参考类型、作为、访问、地址、类型、设备、路径和注释，具体含义见表4-11。

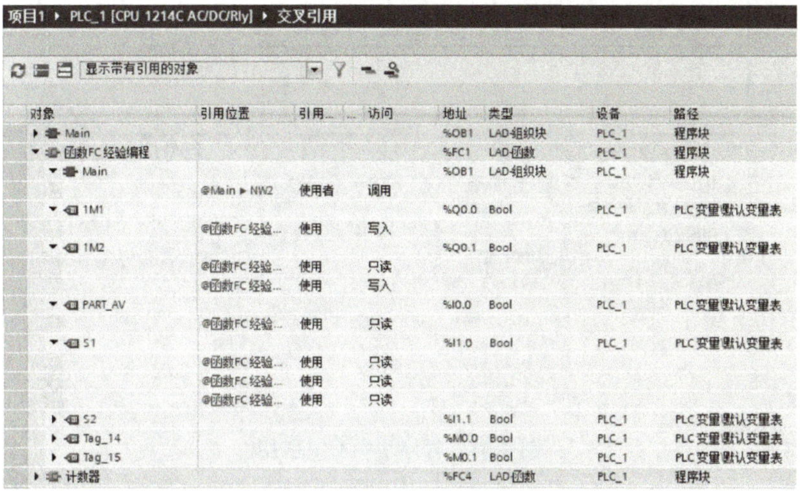

图 4-50 交叉引用列表

表 4-11 交叉引用列表结构

列	内容/含义
对象	显示交叉引用列表打开时所选的源对象名称，以及所有下属对象和相关的引用对象
参考位置	显示该对象的参考位置，如网络
参考类型	显示源对象和被引用对象间的关系 "使用"（Uses）：由源对象使用该对象 "使用者"（Used by）：源对象由该对象使用 "类型 -> 实例"（Type-> Instance）：源对象为被引用对象的一个类型 "实例 -> 类型"（Instance-> Type）：源对象为被引用对象的一个实例 "组 -> 元素"（Group-> Element）：源对象为被引用对象的一个组 "元素 ->组"（Element-> Group）：源对象为被引用对象的一个元素 "定义"（Defines）：由源对象定义被引用对象 "定义者"（Defined by）：源对象由被引用对象定义
作为	显示有关对象的更多信息（如，某个变量由多个设备使用）
访问	显示访问类型，如对操作数的访问为读访问（R）和/或写访问（W）
地址	显示相关对象的地址
类型	显示创建对象的类型和语言
设备	显示相关的设备名称，例如"CPU_1"
路径	显示项目树中该对象的路径以及文件夹和组说明
注释	显示各个对象的注释（如果有）

另外，除了上述交叉引用打开方式，还可以在程序块中，通过选择某一个具体的地址，如图4-51程序块中交叉引用图所示，点击"信息"—"交叉引用"，可以方便地看到该地址的交叉引用信息，更方便程序的调试。

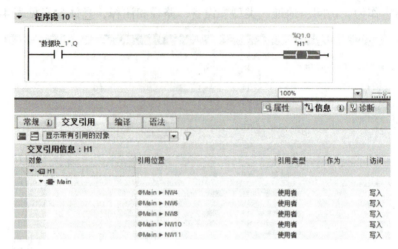

图 4-51　程序块中交叉引用

3. 用变量表调试

PLC 的变量表用来定义存储全局变量，供所有程序块使用。PLC 变量表可定义包含在整个 CPU 范围内有效的变量和符号常量。系统会为项目中使用的每个 CPU 自动创建一个 PLC 变量表。用户也可以创建其他变量表用于对变量和常量进行归类与分组。

在项目树中添加 CPU 设备后，会出现一个"PLC 变量"文件夹，该文件夹下包括显示所有变量、添加新变量表和默认变量表，如图 4-52 所示，具体介绍如下。

（1）显示所有变量　"显示所有变量"表包含有全部的 PLC 变量、用户常量和 CPU 系统常量。该表不能删除或移动。

（2）添加新变量表　添加新变量表就是可以新建若干用户定义变量表，也就是可以根据要求为每个 CPU 创建多个用户自定义变量表以分组变量。可以对用户定义的变量表重命名、整理合并为组或删除。用户定义变量表包含 PLC 变量和用户常量。

（3）默认变量表　项目的每个 CPU 均有一个默认变量表。该表不能删除、重命名或移动。默认变量表包含 PLC 变量、用户常量和系统常量。可以在默认变量表中声明所有的 PLC 变量，或根据需要创建其他的用户定义变量表。

图 4-52　变量表

4. 用监控表调试

监控表中包含用户为整个 CPU 定义的变量。系统会为项目中创建的每个 CPU 自动生成一个"监控表和强制表"文件夹。通过选择"添加新的监控表"命令，在该文件夹中创建新的监控表，如图 4-53 所示。

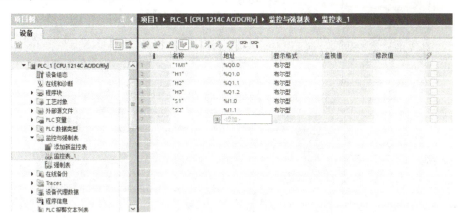

图 4-53 监控表

在监控表中可以使用以下功能：

1）监视变量：通过该功能可以在 PG/PC 上显示用户程序或 CPU 中各变量的当前值。

2）修改变量：通过该功能可以将固定值分配给用户程序或 CPU 中的各个变量。使用程序状态进行测试时，也可以进行修改。

通过这两个功能，可以将固定值分配给处于 STOP 模式的 CPU 的各个外设输出，还可以检查接线情况。

可以监视和修改以下变量：

1）输入、输出和位存储器。

2）数据块的内容。

3）用户自定义变量的内容。

4）I/O。

在操作使用监控表时，要重点理解以下图标的使用。

🔧：立即修改所有选定变量的地址一次。该命令将立即执行一次，而不参考用户程序中已定义的触发点。

🔧：参考用户程序中定义的触发点，修改所有选定变量的地址。

🔧：禁用外设输出的输出禁用命令。用户因此可以在 CPU 处于 STOP 模式时修改外设输出。

🔧：开始对激活监控表中的可见变量进行监视。在基本模式下，监视模式的默认设置是"永久"。在扩展模式下，可以为变量监视设置定义的触发点。

🔧：开始对激活监控表中的可见变量进行监视。该命令将立即执行并监视变量一次。

5. 用 PLCSIM 仿真软件调试

通过安装配套的 PLCSIM 仿真软件安装包，可以在 TIA 博途中集成仿真功能。点击工具栏"开始仿真"按钮，如图 4-54 所示，弹出仿真软件的精简视图和扩展的下载到设备两个界面，接着就可以把 CPU 设备下载到仿真器中了。下载成功后，打开程序编辑器，在工具栏中单击"启用/禁用监视"按钮，可以实现在线仿真，如图 4-55 所示。

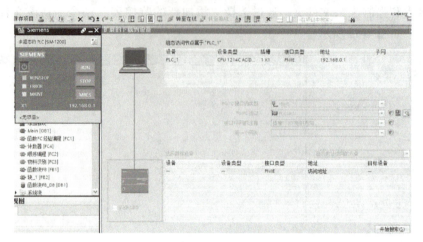

图 4-54　开始仿真

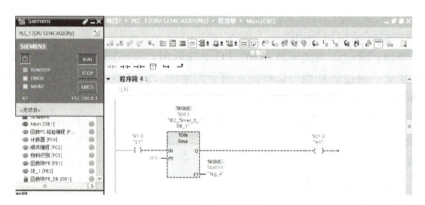

图 4-55　在线仿真

PLCSIM 仿真软件除了有精简视图，还有项目视图，通过点击精简视图右上角的"切换到项目视图"图标可切换到 PLCSIM 仿真软件项目视图，如图 4-56 所示，添加一个新的 SIM 表格，可在该 SIM 表格中建立类似前面监控表的调试效果。

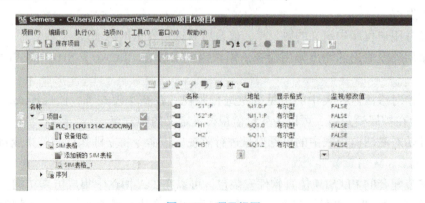

图 4-56　项目视图

四、取料动作

控制要求：分拣机构开始取料动作，要求按下起动按钮，往复循环抓取 5 个人为放置在检测支架料台上的物料放置到滑槽料仓 1。具体运动要求为：按下起动按钮，扁平气缸抓手沿着无杆气缸滑轨向左移动到初始位置，延时 2s，接着抓手打开，并伸出抓手，到位后，延时 2s，抓手闭合，抓取物料，延时 2s，扁平气缸抓手缩回，并沿着无杆气缸滑轨向右运动到无杆气缸滑轨在滑槽料仓 1 位置传感器，延时 5s 后松开抓手，物料落入滑槽料仓 1 中。接着依此循环动作，5 个物料取料完成后停止动作，同时等待指示灯亮。

1. I/O 设置

输入设置：起动按钮：I1.0，检测无杆气缸滑轨在初始位置传感器：I0.1，检测扁平气缸抓手在伸出位置传感器：I0.4，检测扁平气缸抓手在缩回位置传感器：I0.5，检测无杆气缸滑轨在滑槽料仓 1 位置传感器：I0.3。

输出设置：扁平气缸抓手左移：Q0.0，扁平气缸抓手右移：Q0.1，扁平气缸抓手伸出：Q0.2，扁平气缸抓手夹紧：Q0.3，等待指示灯：Q1.2。

分析：根据取料动作控制要求，有延时需求，所以要用到定时器。另外，还有取 5 个物料要求，这就需要计数器指令来实现。

2. 运行程序编制

使用模块化编程技术，在 FC 中实现功能，然后在 OB1 中调用，取料动作程序如图 4-57 所示。

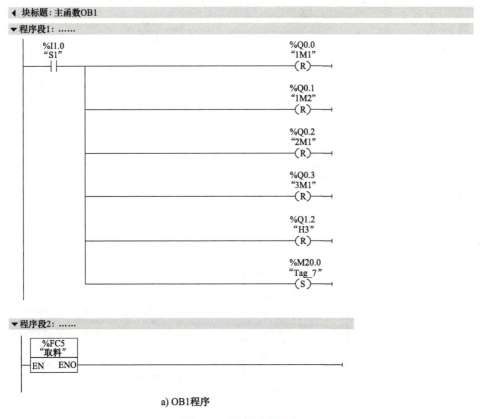

a) OB1 程序

图 4-57 取料动作程序

生产线控制技术基础

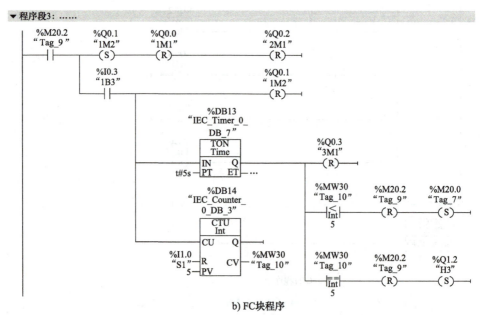

b) FC块程序

图 4-57 取料动作程序（续）

任务工单

任务工单 4-3　取料

姓　名		学　院		专　业	
小组成员				组　长	
指导教师		日　期		成　绩	

任务目标

学习定时器指令、计数器指令以及 S7-1200 调试方法等，能够编程调试出分拣机构的取料动作。

信息收集	成绩：

1）熟悉定时器指令。

2）熟悉计数器指令。

3）了解 S7-1200 程序调试方法。

任务实施	成绩：

1）S7-1200 的定时器包括哪些种类？

2）当按下起动按钮 I1.0，延时 10s 后，LED1（Q1.0）灯亮，按下停止按钮 I1.1，LED1 灯灭。用梯形图完成编程。

3）S7-1200 的计数器包括哪些种类？

4）当按下松开起动按钮 I1.0 动作 5 次后，LED1（Q1.0）灯亮，按下停止按钮 I1.1，LED1 灯灭，用梯形图完成编程。

5）把编程调试好的取料动作写在下面。

成果展示及评价			成绩：		
自　评		互　评		师　评	
教师建议及改进措施					

评价反馈	成绩：

根据自己在课堂中的实际表现进行自我反思和自我评价。
　　自我反思：

（续）

自我评价：_____

任务评价表

评价项目	评价标准	配分	得分
信息收集	完成信息收集	15	
任务实施	任务实施过程评价	40	
成果展示及评价	任务实施成果评价	40	
评价反馈	能对自身客观评价和发现问题	5	
总分		100	
教师评语			

▶ 任务4 分拣

任务描述

本任务主要是学习数据处理指令、数学运算指令以及顺序控制设计方法等，目的是使学生能够编程调试出分拣机构的分拣动作。培养学生操作能力、分析解决问题能力、团队协作意识以及逻辑思维能力。

任务目标

1）能运用数据处理指令编程。
2）能运用数学运算指令编程。
3）能够理解及应用顺序控制设计法。
4）能完成分拣动作编程调试。

任务实施

为了更好地完成分拣机构的分拣任务，我们依次完成以下活动。

一、数据处理指令

数据处理是指对寄存器中的数据进行操作的指令。常用的数据处理指令包括比较操作指令、移动操作指令、转换操作指令以及移位和循环指令，分别介绍如下。

1. 比较操作指令

常见的比较操作指令包括：CMP ＝＝：等于、CMP <>：不等于、CMP >＝：大于或等于、CMP <＝：小于或等于、CMP >：大于、CMP <：小于。它们的用法具有相似之处，下面以"CMP ＝＝：等于"为例详细介绍。

可以使用"CMP ＝＝：等于"指令判断第一个比较值（<操作数1>）是否等于第二个比

较值（<操作数 2>）。如图 4-58 等于比较操作指令和表 4-12 等于比较指令参数所示，如果满足比较条件，则指令返回逻辑运算结果（RLO）"1"；如果不满足比较条件，则指令返回 RLO "0"。该指令的 RLO 通过以下方式与整个程序段中的 RLO 进行逻辑运算：串联比较指令时，将执行"与"运算；并联比较指令时，将进行"或"运算。在指令上方的操作数占位符中指定第一个比较值（MW10），在指令下方的操作数占位符中指定第二个比较值（MW12），即如果 MW10 里面所存的数等于 MW12 里面所存的数，则输出 Q1.0 接通。否则不接通。

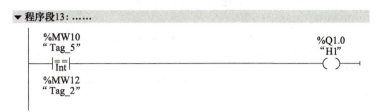

图 4-58　等于比较操作指令

表 4-12　等于比较指令参数

参数	声明	数据类型	存储区	说明
<操作数 1>	Input	位字符串、整数、浮点数、字符串、定时器、日期时间、ARRAY of <数据类型>（ARRAY 限值固定/可变）、STRUCT、VARIANT、ANY、PLC 数据类型	I、Q、M、D、L、P 或常数	第一个比较值
<操作数 2>	Input	位字符串、整数、浮点数、字符串、定时器、日期时间、ARRAY of <数据类型>（ARRAY 限值固定/可变）、STRUCT、VARIANT、ANY、PLC 数据类型	I、Q、M、D、L、P 或常数	要比较的第二个值

2. 移动操作指令

常见的移动操作指令包括：MOVE：移动值、MOVE_BLK：块移动、MOVE_BLK_VARIANT：移动块、UMOVE_BLK：不可中断的存储区移动、FILL_BLK：填充块、UFILL_BLK：不可中断的存储区填充、SCATTER：将位序列解析为单个位、SCATTER_BLK：将位序列 ARRAY 的元素解析为单个位、GATHER：将各个位组合为位序列、GATHER_BLK：将单个位合并到位序列 ARRAY 的多个元素中和 SWAP：交换等。它们的功能都是对不同的对象进行移动操作，下面以最常用的"MOVE：移动值"为例详细介绍。

可以使用"MOVE：移动值"指令，将 IN 输入处操作数中的内容传送给 OUT1 输出的操作数中。如图 4-59 MOVE 指令和表 4-13 MOVE 指令参数所示，当使能输入端 EN 状态为"1"时，即 I1.0 闭合，启动该指令，将 IN 端的数值（MW10）输送到 OUT 端（MW12），同时，使能输出端 ENO 为"1"，驱动 Q1.0 动作。如果使能输入 EN 的信号状态为"0"或者 IN 参数的数据类型与 OUT1 参数的指定数据类型不对应，则使能输出 ENO 为"0"。

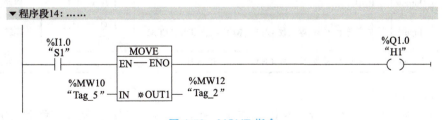

图 4-59　MOVE 指令

表 4-13　MOVE 指令参数

参数	声明	数据类型	存储区	说明
EN	Input	BOOL	I、Q、M、D、L 或常量	使能输入
ENO	Output	BOOL	I、Q、M、D、L	使能输出
IN	Input	位字符串、整数、浮点数、定时器、日期时间、CHAR、WCHAR、STRUCT、ARRAY、IEC 数据类型、PLC 数据类型（UDT）	I、Q、M、D、L 或常量	源值
OUT1	Output	位字符串、整数、浮点数、定时器、日期时间、CHAR、WCHAR、STRUCT、ARRAY、IEC 数据类型、PLC 数据类型（UDT）	I、Q、M、D、L	传送源值中的操作数

3. 转换操作指令

常见的转换操作指令包括：CONV：转换值、ROUND：取整、CEIL：浮点数向上取整、FLOOR：浮点数向下取整、TRUNC：截尾取整、SCALE_X：缩放和 NORM_X：标准化。它们的功能都是对不同的数据转换操作，下面以较常用的"CONV：转换值"为例详细介绍。

"CONV：转换值"指令将读取参数 IN 的内容，并根据指令框中选择的数据类型对其进行转换。转换值将在 OUT 输出处输出。如图 4-60 CONV 指令和表 4-14 CONV 指令参数所示，当使能输入端 EN 状态为"1"时，即 I1.0 闭合，启动该指令，将 IN 端的整数 Int 数值（MW10）转成 OUT 端的双整数 DInt 数值（MD20），同时，使能输出端 ENO 为"1"，驱动 Q1.0 动作。如果使能输入 EN 的信号状态为"0"或者执行过程中发生溢出之类的错误，则使能输出 ENO 为"0"。

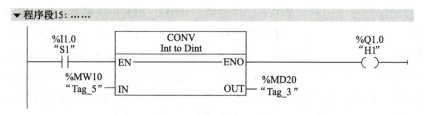

图 4-60　CONV 指令

表 4-14　CONV 指令参数

参数	声明	数据类型	存储区	说明
EN	Input	BOOL	I、Q、M、D、L 或常量	使能输入
ENO	Output	BOOL	I、Q、M、D、L	使能输出
IN	Input	位字符串、整数、浮点数、CHAR、WCHAR、BCD16、BCD32	I、Q、M、D、L、P 或常量	要转换的值
OUT	Output	位字符串、整数、浮点数、CHAR、WCHAR、BCD16、BCD32	I、Q、M、D、L、P	转换结果

4. 移位和循环指令

常见的移位和循环指令包括：SHR：右移、SHL：左移、ROR：循环右移和 ROL：循环左移。它们用来实现对数据的移位和循环操作,下面以"SHR:右移"为例详细介绍。

可以使用"SHR:右移"指令将输入 IN 中操作数的内容按位向右移位,并在输出 OUT 中查询结果。如图 4-61 右移指令示意图、图 4-62 SHR 指令和表 4-15 SHR 指令参数所示,参数 N 用于指定将指定值移位的位数。如果参数 N 的值为"0",则将输入 IN 的值复制到输出 OUT 的操作数中。如果参数 N 的值大于位数,则输入 IN 的操作数值将向右移动该位数个位置。

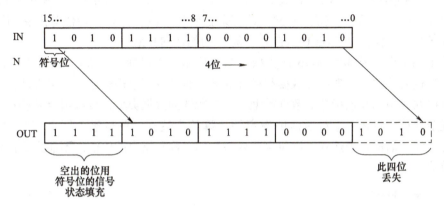

图 4-61 右移指令示意图

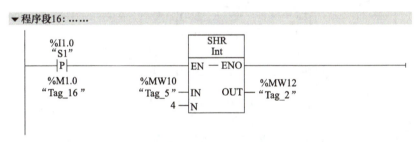

图 4-62 SHR 指令

表 4-15 SHR 指令参数

参数	声明	数据类型	存储区	说明
EN	Input	BOOL	I、Q、M、D、L 或常量	使能输入
ENO	Output	BOOL	I、Q、M、D、L	使能输出
IN	Input	位字符串、整数	I、Q、M、D、L 或常量	要移位的值
N	Input	USINT、UINT、UDINT	I、Q、M、D、L 或常量	将对值进行移位的位数
OUT	Output	位字符串、整数	I、Q、M、D、L	指令的结果

在图 4-61 和图 4-62 中,当在 I1.0 接通的上升沿时,启动右移指令一次,输入 IN (MW10) 的操作数值将向右移动该位 4 个位置,其中 MW10 里数值的低四位丢失,高四位若无符号值移位时,用零填充操作数左侧区域中空出的位,如果指定值有符号,则用符号位的信号状态填充空出的位,最后把此结果储存到 OUT (MW12) 中。

二、数学运算指令

常用的数学运算指令包括数学函数指令和字逻辑运算指令，分别介绍如下。

1. 数学函数指令

常见的数学函数指令包括：CALCULATE：计算、ADD：加、SUB：减、MUL：乘、DIV：除、MOD：返回除法的余数、NEG：取反、INC：递增、DEC：递减、ABS：计算绝对值、MIN：获取最小值、MAX：获取最大值、SQR：计算平方、SQRT：计算平方根、EXP：计算指数值、SIN：计算正弦值、COS：计算余弦值和TAN：计算正切值等。它们用来实现数学函数运算，下面以"CALCULATE：计算"为例详细介绍。

如图4-63计算指令和表4-16计算指令参数所示，可以使用"CALCULATE：计算"指令定义并执行表达式，根据所选数据类型计算数学运算或复杂逻辑运算。可以从指令框的数据类型下拉列表中选择该指令的数据类型。根据所选的数据类型，可以组合某些指令的函数以执行复杂计算。将在一个对话框中指定待计算的表达式，单击指令框上方的"计算器"图标可打开该对话框。表达式可以包含输入参数的名称和指令的语法。不能指定操作数名称和操作数地址。

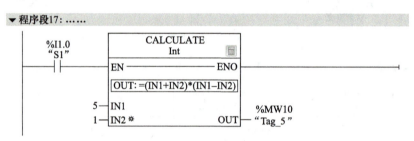

图4-63　计算指令

表4-16　计算指令参数

参数	声明	数据类型	存储区	说明
EN	Input	BOOL	I、Q、M、D、L或常量	使能输入
ENO	Output	BOOL	I、Q、M、D、L	使能输出
IN1	Input	位字符串、整数、浮点数	I、Q、M、D、L、P或常量	第一个可用的输入
IN2	Input	位字符串、整数、浮点数	I、Q、M、D、L、P或常量	第二个可用的输入
INn	Input	位字符串、整数、浮点数	I、Q、M、D、L、P或常量	其他插入的值
OUT	Output	位字符串、整数、浮点数	I、Q、M、D、L、P	最终结果要传送到的输出

在初始状态下，指令框至少包含两个输入（IN1和IN2）。可以扩展输入数目。在功能框中按升序对插入的输入编号。使用输入的值执行指定表达式。表达式中不一定会使用所有的已定义输入。该指令的结果将传送到输出OUT中。在图4-63中，当I1.0接通后，IN1＝5和IN2＝1，经过执行指定表达式（IN1＋IN2）＊（IN1－IN2）后，将结果传送到输出MW10中。

如果满足下列条件之一，则使能输出ENO的信号状态为"0"：

1) 使能输入 EN 的信号状态为"0"。
2) "计算"指令的结果超出输出 OUT 指定的数据类型的允许范围。
3) 浮点数的值无效。
4) 执行表达式中某个指令期间出错。

2. 字逻辑运算指令

常见的字逻辑运算指令包括：AND："与"运算、OR："或"运算、XOR："异或"运算、INVERT：求反码、DECO：解码、ENCO：编码、SEL：选择、MUX：多路复用和 DE-MUX：多路分用。它们用来实现字逻辑运算，下面以"AND："与"运算"为例详细介绍。

如图 4-64 AND 指令和表 4-17 AND 指令参数所示，可以使用"AND："与"运算"指令将输入 IN1 的值和输入 IN2 的值按位进行"与"运算，并在输出 OUT 中查询结果。执行该指令时，输入 IN1 的值的每一位和输入 IN2 的值的相对应的每一位都执行"与"逻辑运算，结果存储在输出 OUT 中。

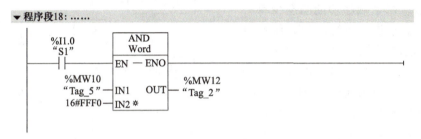

图 4-64　AND 指令

表 4-17　AND 指令参数

参数	声明	数据类型	存储区	说明
EN	Input	BOOL	I、Q、M、D、L 或常量	使能输入
ENO	Output	BOOL	I、Q、M、D、L	使能输出
IN1	Input	位字符串	I、Q、M、D、L、P 或常量	逻辑运算的第一个值
IN2	Input	位字符串	I、Q、M、D、L、P 或常量	逻辑运算的第二个值
INn	Input	位字符串	I、Q、M、D、L、P 或常量	其值要进行逻辑组合的其他输入
OUT	Output	位字符串	I、Q、M、D、L、P	指令的结果

可以在指令功能框中展开输入的数字。在功能框中以升序对相加的输入进行编号。执行该指令时，将对所有可用输入参数的值进行"与"运算。结果存储在输出 OUT 中。只有该逻辑运算中的两个位的信号状态均为"1"时，结果位的信号状态才为"1"。如果该逻辑运算的两个位中有一个位的信号状态为"0"，则对应的结果位将复位为"0"。

在图 4-64 中，当 I1.0 接通后，MW10 存储的数会和 16#FFF0 执行"与"运算，并把运算结果存储在输出 MW12 中。

三、顺序控制设计

1. 顺序控制设计法基本步骤

1) 分析控制要求，确定所需输入点和输出点的个数，进行 I/O 分配。

2) 将控制过程分成若干个工步，明确每个工步的功能，分析步的转换是单向进行还是有选择分支或并行分支，确定每个工步的转移条件，也可以画出工作流程图。

3) 设定步骤控制器，保障每个工步可以按照要求的先后顺序动作，步骤控制器可以使用内部寄存器 M 的连续位地址表示。

4) 画出顺序功能图。

5) 根据顺序功能图设计梯形图程序。

6) 对某些特殊控制要求进行程序设计补充。

2. 顺序控制设计法

图 4-65 所示为顺序功能图的表示方法。

（1）步　顺序控制设计法是将一个生产过程分为一个个顺序相连的步，S1、S2、S3…具体可分别用 M0.0、M0.1、M0.2…表示。每个顺序功能图至少有一个初始步，初始步与系统的初始状态对应，在顺序功能图中用双线方框表示。

除了初始步，系统当前正在执行的步成为活动步。活动步处于激活状态，其控制的动作被执行，当前步转移到下一步时，当前步就被复位，称为状态转移。如果该步为不活动状态，则其相应的动作不执行。

（2）有向连线　在顺序功能图中，步与步之间按活动的先后顺序排列，并用有向连线连接起来。步的转换方向总是从上到下、从左到右，因此可省略箭头表示。

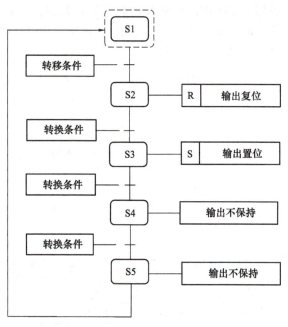

图 4-65　顺序功能图的表示方法

（3）转移条件　使系统从当前步转换到下一步的信号就是转移条件，用与有向连线相垂直的短横线表示。转移条件可以是一个，也可以是多个信号的逻辑组合，可以写在短横线左边的方框里。当前一步为活动步时，如果转移条件满足，则状态转移至下一步。

（4）执行输出　当某步为活动步时，其对应的动作就被执行，该动作可以写在该步右边的方框里，也可以为多个动作同时执行。其中 S 表示置位当前动作并保持；R 表示复位当前动作并保持；也可以直接线圈输出，当前步若为活动部时该动作执行，当前步为非活动步时该动作停止执行。

3. 顺序功能图的类型

如图 4-66 所示，顺序功能图有单流程、跳转与循环、选择分支与连接、并行分支与连接等几种类型。

4. 应用举例

要求：按下起动按钮（I0.0），实现气缸 1 伸出（Q0.0），伸出到位后等待 3s 后，气

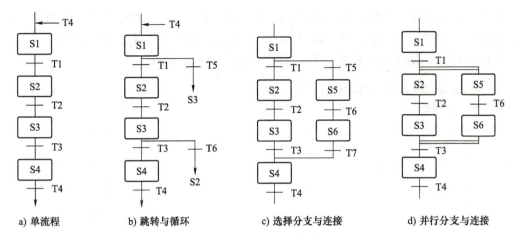

图 4-66 顺序功能图的类型

缸 2 伸出（Q0.1），伸出到位后等待 3s 后，气缸 3 伸出（Q0.2），伸出到位后，按下停止按钮（I0.1），3 个气缸全部缩回。再次按下起动按钮，循环运动。气缸 1 两端分别安装有伸出位置传感器（I1.0）和缩回位置传感器（I1.1），气缸 2 两端分别安装有伸出位置传感器（I1.2）和缩回位置传感器（I1.3），气缸 3 两端分别安装有伸出位置传感器（I1.4）和缩回位置传感器（I1.5）。

首先，画出顺序功能图，如图 4-67 所示。

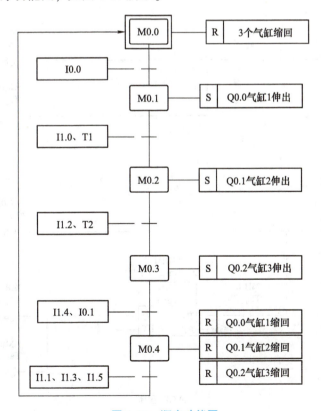

图 4-67 顺序功能图

接着，根据顺序功能图，编制顺序控制梯形图程序。先利用 OB100 启动组织块，编写初始化程序，复位 3 个气缸，同时通过 M0.0 启动 OB1 中程序运行，如图 4-68a 所示。然后，再在 OB1 组织块中编写其他顺序控制程序，如图 4-68b 所示。

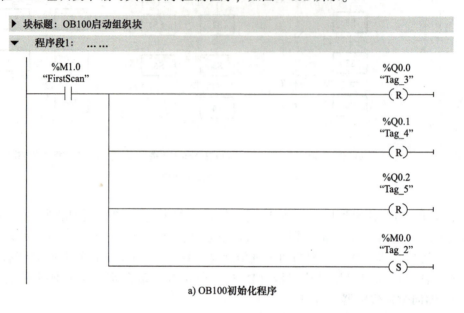

a) OB100 初始化程序

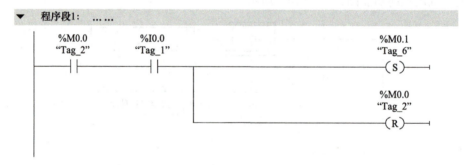

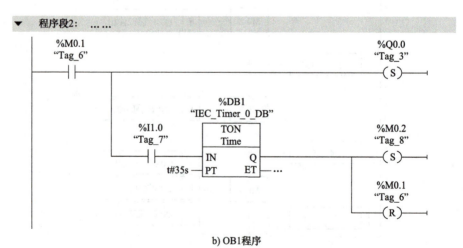

b) OB1 程序

图 4-68 顺序控制梯形图程序

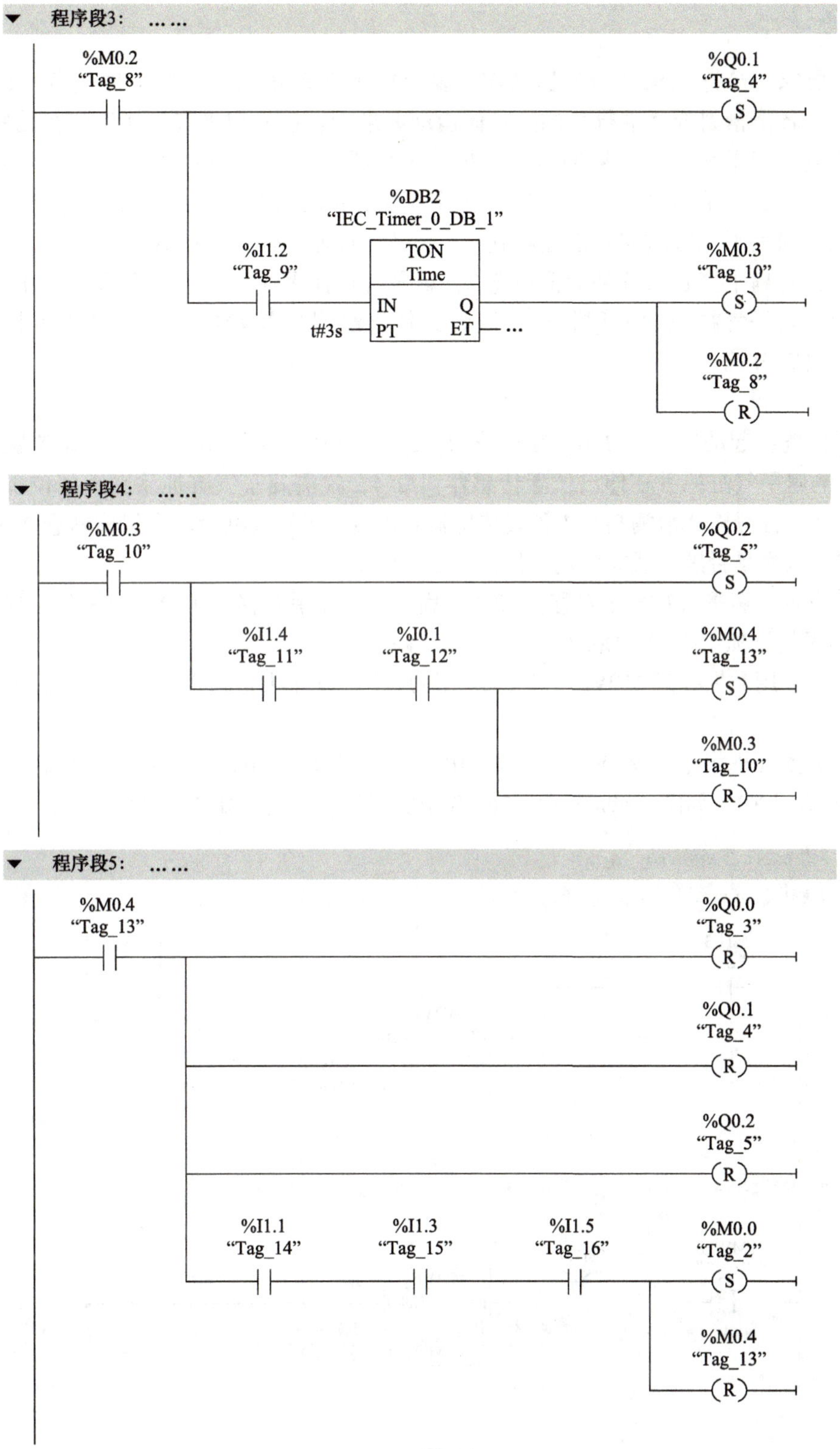

程序段3：……

```
%M0.2                                                                %Q0.1
"Tag_8"                                                              "Tag_4"
──┤├──┬──────────────────────────────────────────────────────────────(S)──
      │
      │              %DB2
      │        "IEC_Timer_0_DB_1"
      │   %I1.2      ┌──────────┐                                    %M0.3
      │   "Tag_9"    │   TON    │                                    "Tag_10"
      └──┤├──────────┤IN    Time Q├─────┬───────────────────────────(S)──
                  t#3s┤PT       ET├─…   │
                      └──────────┘      │                            %M0.2
                                        │                            "Tag_8"
                                        └───────────────────────────(R)──
```

程序段4：……

```
%M0.3                                                                %Q0.2
"Tag_10"                                                             "Tag_5"
──┤├──┬──────────────────────────────────────────────────────────────(S)──
      │
      │   %I1.4         %I0.1                                        %M0.4
      │   "Tag_11"      "Tag_12"                                     "Tag_13"
      └──┤├─────────────┤├───────┬───────────────────────────────────(S)──
                                 │
                                 │                                   %M0.3
                                 │                                   "Tag_10"
                                 └───────────────────────────────────(R)──
```

程序段5：……

```
%M0.4                                                                %Q0.0
"Tag_13"                                                             "Tag_3"
──┤├──┬──────────────────────────────────────────────────────────────(R)──
      │
      │                                                              %Q0.1
      │                                                              "Tag_4"
      ├──────────────────────────────────────────────────────────────(R)──
      │
      │                                                              %Q0.2
      │                                                              "Tag_5"
      ├──────────────────────────────────────────────────────────────(R)──
      │
      │   %I1.1         %I1.3         %I1.5                          %M0.0
      │   "Tag_14"      "Tag_15"      "Tag_16"                       "Tag_2"
      └──┤├─────────────┤├────────────┤├──────┬───────────────────── (S)──
                                              │
                                              │                      %M0.4
                                              │                      "Tag_13"
                                              └──────────────────────(R)──
```

b) OB1程序（续）

图 4-68 顺序控制梯形图程序（续）

四、分拣动作

控制要求：分拣机构开始分拣动作，要求按下起动按钮，根据工件颜色，选择在滑槽料仓1或者滑槽料仓2进行分拣。具体运动要求为：已知扁平气缸抓手停在无杆气缸滑轨初始位置，扁平气缸抓手缩回打开，把一工件手动放置在扁平气缸抓手处，按下复位按钮，扁平气缸抓手闭合，夹紧工件。接着再按下起动按钮，传感器先来判断工件颜色，若为黑色，则扁平气缸右移到滑槽料仓1，扁平气缸抓手伸出，打开夹爪，放开工件；若为非黑色，则扁平气缸右移到滑槽料仓2，扁平气缸抓手伸出，打开夹爪，放开工件。分拣完成后，扁平气缸抓手缩回打开，回到无杆气缸滑轨初始位置。依次循环上述动作，完成若干物料分拣。

1. I/O 设置

输入设置：起动按钮：I1.0，复位按钮：I1.3，检测无杆气缸滑轨在初始位置传感器：I0.1，检测扁平气缸抓手在伸出位置传感器：I0.4，检测扁平气缸抓手在缩回位置传感器：I0.5，无杆气缸滑轨在滑槽料仓1位置传感器：I0.3，无杆气缸滑轨在滑槽料仓2位置传感器：I0.2，检测是否黑色或非黑色工件传感器：I0.6。

输出设置：扁平气缸抓手左移：Q0.0，扁平气缸抓手右移：Q0.1，扁平气缸抓手伸出：Q0.2，扁平气缸抓手夹紧：Q0.3。

分析：采用数据处理 MOVE 指令，运用顺序控制设计法完成分拣动作程序编制。

2. 运行程序编制

借助数据处理指令"MOVE"和"CMP ＝＝"，利用顺序控制编程方法编制运行程序，在 OB1 中调用 FB，如图 4-69a 所示。在 FB 中实现具体功能，如图 4-69b 所示。

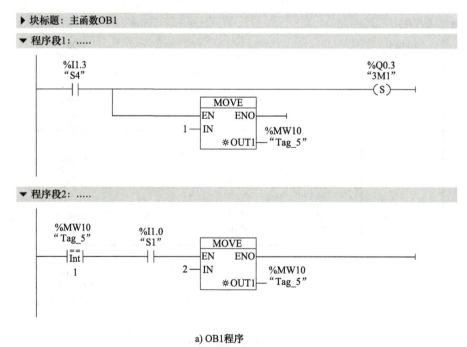

a) OB1程序

图 4-69 分拣动作程序

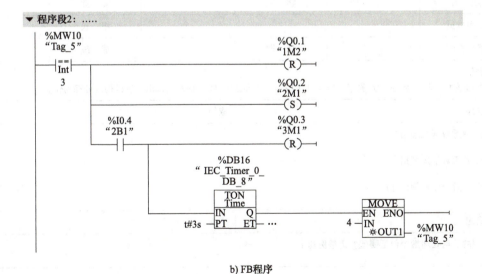

图 4-69 分拣动作程序（续）

▼ 程序段3：…

```
      %MW10                                              %Q0.2
      "Tag_5"                                            "2M1"
        ==  ┬────────────────────────────────────────────( R )
        Int │
         4  │                                            %Q0.0
            │                                            "1M1"
            ├────────────────────────────────────────────( S )
            │
            │                                            %Q0.1
            │                                            "1M2"
            ├────────────────────────────────────────────( R )
            │
            │  %I0.1                                     %Q0.0
            │  "1B1"                                     "1M1"
            └───┤ ├────┬───────────────────────────────( R )
                      │
                      │       ┌─────────────┐
                      │       │    MOVE     │
                      │       │ EN      ENO │
                      └───────┤             │
                         0 ───┤ IN          │           %MW10
                              │       ✱OUT1 ├──────── "Tag_5"
                              └─────────────┘
```

b) FB程序（续）

图 4-69　分拣动作程序（续）

任务工单

任务工单 4-4　分拣

姓　名		学　院		专　业	
小组成员				组　长	
指导教师		日　期		成　绩	

任务目标

学习数据处理指令、数学运算指令以及顺序控制设计方法等，能够编程调试出分拣机构的分拣动作。

信息收集	成绩：

1) 熟悉数据处理指令。

2) 熟悉数学运算指令。

3) 了解顺序控制设计法。

任务实施	成绩：

1) 常用的数据处理指令包括哪些？请举例列出。

_____

_____

_____

(续)

2)常见的数学函数指令包括哪些?

3)通过编程计算(5+3)*6,将梯形图程序写在下面。

4)简述顺序控制设计法基本步骤。

5)把编程调试好的分拣动作写在下面。

成果展示及评价				成绩:	
自 评		互 评		师 评	
教师建议及改进措施					

评价反馈	成绩:

根据自己在课堂中的实际表现进行自我反思和自我评价。

自我反思:

自我评价:

任务评价表

评价项目	评价标准	配分	得分
信息收集	完成信息收集	15	
任务实施	任务实施过程评价	40	
成果展示及评价	任务实施成果评价	40	
评价反馈	能对自身客观评价和发现问题	5	
总分		100	
教师评语			

任务5　联调

任务描述

本任务主要是完成分拣机构的整体编程调试，目的是使学生能够对一个项目有整体认识。培养学生操作能力、分析解决问题能力、团队协作意识以及逻辑思维能力。

任务目标

1) 了解分拣机构系统价值。
2) 能够实现分拣机构完整功能。

任务实施

基于前面分项任务的实施情况，对分拣机构系统整体功能实现如下。

一、系统特点

前面通过物料识别、取料、分拣3个子任务对分拣机构系统进行了详细的学习，完成了相对应的PLC编程控制，实施过程也进一步体现出了该分拣机构系统特点。

1) 动作过程分解清晰，便于按照任务进行实施。
2) 分拣机构涉及知识面广，利于综合能力的提升。还涵盖了机械结构的设计搭建、气动及电气技术的应用、传感器技术、电动机驱动等内容。
3) 通过物料识别、取料、分拣3个子任务，很好地涵盖了PLC技术要点，循序渐进地实现了对PLC知识点及技能点的掌握。

二、调试程序

基于前面已经完成了物料识别、取料、分拣单个任务的程序编制，此处不再累赘，下面仅对3个子任务的主程序OB1进行展示，如图4-70所示。

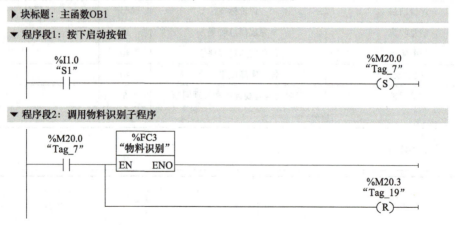

图4-70　OB1主程序

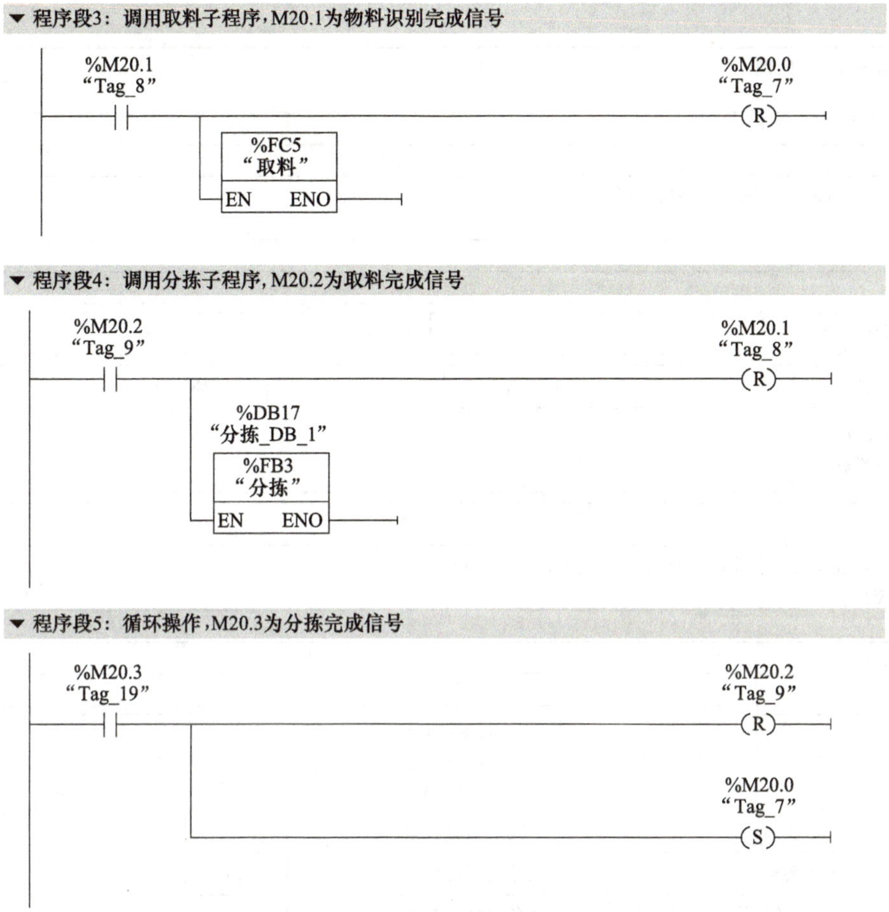

▼ 程序段3：调用取料子程序，M20.1为物料识别完成信号

```
%M20.1                                          %M20.0
"Tag_8"                                         "Tag_7"
──┤├──┬─────────────────────────────────────────( R )──
       │    %FC5
       │    "取料"
       └──┤EN   ENO├──
```

▼ 程序段4：调用分拣子程序，M20.2为取料完成信号

```
%M20.2                                          %M20.1
"Tag_9"                                         "Tag_8"
──┤├──┬─────────────────────────────────────────( R )──
       │    %DB17
       │   "分拣_DB_1"
       │    %FB3
       │    "分拣"
       └──┤EN   ENO├──
```

▼ 程序段5：循环操作，M20.3为分拣完成信号

```
%M20.3                                          %M20.2
"Tag_19"                                        "Tag_9"
──┤├──┬─────────────────────────────────────────( R )──
       │                                        %M20.0
       │                                        "Tag_7"
       └────────────────────────────────────────( S )──
```

图 4-70　OB1 主程序（续）

任务工单

任务工单 4-5　联调

姓　名		学　院		专　业	
小组成员				组　长	
指导教师		日　期		成　绩	

任务目标

完成分拣机构的整体编程调试，能够对一个项目有整体认识。

信息收集	成绩：

1) 总结分拣机构系统价值。

2) 了解实际生产常用分拣机构动作组成。

任务实施	成绩：

1) 分拣机构完成分拣有哪几个动作组成？

（续）

2）写出 FB 和 FC 的区别。
_____
_____
_____

3）把编程调试好的分拣机构完整功能写在下面。
_____
_____
_____

成果展示及评价		成绩：	
自　评		互　评		师　评	
教师建议及改进措施			

评价反馈	成绩：

根据自己在课堂中的实际表现进行自我反思和自我评价。
自我反思：_____
_____

自我评价：_____

任务评价表

评价项目	评价标准	配分	得分
信息收集	完成信息收集	15	
任务实施	任务实施过程评价	40	
成果展示及评价	任务实施成果评价	40	
评价反馈	能对自身客观评价和发现问题	5	
总分		100	
教师评语			

项目检测

1. 简述可编程序控制器的定义及组成。

2. 可编程序控制器有哪些主要特点？与继电器控制系统相比，可编程序控制器有哪些优点？

3. PLC 的工作原理是什么？工作过程分哪几个阶段？

4. S7-1200 系列 PLC 的 I/O 地址是如何配置的？

5. S7-1200 系列 PLC 的位地址是如何表示的？QB0、IW0、MW4 分别是什么意思？

6. S7-1200 系列 PLC 的定时器、计数器分别有哪几种类型？是如何工作的？

7. 根据控制要求，设计梯形图程序。

（1）单按钮控制自锁电路设计：

I0.0控制按钮控制Q0.0指示灯,第一次按按钮指示灯亮,第二次按按钮指示灯灭,如此反复。

(2) 顺序控制电路设计:

控制电动机1和电动机2,启动时,只有当电动机1起动后电动机2才能起动,停机时,只有当电动机2停止后电动机1才能停止。

(3) 某传送带由M1、M2、M3三台电动机驱动,要求:

按下SB1,M1、M2同时起动;M1、M2起动后,按下SB2,M3才能起动;停止时按下SB3,M3先停止,隔5s后M1、M2同时停止。

(4) 电动机正反转和Y/△起动

按下正转起动按钮SB1,电动机正转运行,KM1、KMY接通。2s后KMY断开,KM△接通,即完成正转起动。按下停止按钮SB3,电动机停止运行。

按下反转起动按钮SB2,电动机反转运行,KM2、KMY接通。2s后KMY断开,KM△接通,即完成反转起动。按下停止按钮SB3,电动机停止运行。

注意:KM1、KM2不能同时接通,KMY、KM△不能同时接通。

(5) 电动机正反转运行自动切换

按下起动按钮SB1,电动机正转运行,KM1、KM△接通,5s后KM1断开,KM2接通,再5s后KM2断开,KM1接通,以此自动循环。按下停止按钮SB3,电动机停止运行。

8. 设计交通灯自动控制。

图4-71所示为路口红绿灯示意图,自动控制开关I1.0合上后,东西绿灯亮40s后闪10s灭,黄灯亮10s灭,红灯亮60s,绿灯亮循环;对应东西绿黄灯亮时南北红灯亮60s,接着绿灯亮40s后闪10s灭,黄灯亮10s后,红灯又亮,如此循环。

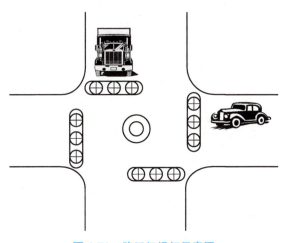

图4-71 路口红绿灯示意图

参 考 文 献

[1] 毛智勇,刘宝权. 液压与气压传动 [M]. 北京:机械工业出版社,2007.
[2] 张福臣. 压与气压传动 [M]. 北京:机械工业出版社,2006.
[3] 赵波,王宏元. 液压与气动技术 [M]. 北京:机械工业出版社,2005.
[4] 王阿根. 电气可编程控制原理与应用 [M]. 北京:清华大学出版社,2007.
[5] 刘晓东. 机床电气控制学习辅导与技能训练 [M]. 济南:山东科学技术出版社,2006.
[6] 李敬梅. 电力拖动基本控制线路 [M]. 北京:中国劳动社会保障出版社,2006.
[7] 孙余凯,吴鸣山. 学看实用电气控制线路图 [M]. 北京:电子工业出版社,2006.
[8] 王兆义. 可编程控制器教程 [M]. 北京:机械工业出版社,2000.
[9] 廖常初. 大中型PLC应用教程 [M]. 北京:机械工业出版社,2005.
[10] 汪晓光,等. 可编程控制器原理及应用 [M]. 北京:机械工业出版社,2001.